4桁の原子量表

（元素の原子量は，質量数12の炭素（^{12}C）を12とし，これに対する相対値と…）

本表は，実用上の便宜を考えて，国際純正・応用化学連合（IUPAC）で承認された最新の原子量委員会が独自に作成したものである。本来，同位体存在度の不確定さは，自然に，あるいや実験誤差のために，元素ごとに異なる。従って，個々の原子量の値は，正確度が保証された…なる。本表の原子量を引用する際には，このことに注意を喚起することが望ましい。

なお，本表の原子量の信頼性は亜鉛の場合を除き有効数字の4桁目で±1以内である。また，安定の同位体組成を示さない元素については，その元素の放射性同位体の質量数の一例を（ ）内に示した。従って，その値を原子量として扱うことは出来ない。

原子番号	元素名	元素記号	原子量	原子番号	元素名	元素記号	原子量
1	水素	H	1.008	60	ネオジム	Nd	144.2
2	ヘリウム	He	4.003	61	プロメチウム	Pm	(145)
3	リチウム	Li	6.941‡	62	サマリウム	Sm	150.4
4	ベリリウム	Be	9.012	63	ユウロピウム	Eu	152.0
5	ホウ素	B	10.81	64	ガドリニウム	Gd	157.3
6	炭素	C	12.01	65	テルビウム	Tb	158.9
7	窒素	N	14.01	66	ジスプロシウム	Dy	162.5
8	酸素	O	16.00	67	ホルミウム	Ho	164.9
9	フッ素	F	19.00	68	エルビウム	Er	167.3
10	ネオン	Ne	20.18	69	ツリウム	Tm	168.9
11	ナトリウム	Na	22.99	70	イッテルビウム	Yb	173.0
12	マグネシウム	Mg	24.31	71	ルテチウム	Lu	175.0
13	アルミニウム	Al	26.98	72	ハフニウム	Hf	178.5
14	ケイ素	Si	28.09	73	タンタル	Ta	180.9
15	リン	P	30.97	74	タングステン	W	183.8
16	硫黄	S	32.07	75	レニウム	Re	186.2
17	塩素	Cl	35.45	76	オスミウム	Os	190.2
18	アルゴン	Ar	39.95	77	イリジウム	Ir	192.2
19	カリウム	K	39.10	78	白金	Pt	195.1
20	カルシウム	Ca	40.08	79	金	Au	197.0
21	スカンジウム	Sc	44.96	80	水銀	Hg	200.6
22	チタン	Ti	47.87	81	タリウム	Tl	204.4
23	バナジウム	V	50.94	82	鉛	Pb	207.2
24	クロム	Cr	52.00	83	ビスマス	Bi	209.0
25	マンガン	Mn	54.94	84	ポロニウム	Po	(210)
26	鉄	Fe	55.85	85	アスタチン	At	(210)
27	コバルト	Co	58.93	86	ラドン	Rn	(222)
28	ニッケル	Ni	58.69	87	フランシウム	Fr	(223)
29	銅	Cu	63.55	88	ラジウム	Ra	(226)
30	亜鉛	Zn	65.38*	89	アクチニウム	Ac	(227)
31	ガリウム	Ga	69.72	90	トリウム	Th	232.0
32	ゲルマニウム	Ge	72.63	91	プロトアクチニウム	Pa	231.0
33	ヒ素	As	74.92	92	ウラン	U	238.0
34	セレン	Se	78.97	93	ネプツニウム	Np	(237)
35	臭素	Br	79.90	94	プルトニウム	Pu	(239)
36	クリプトン	Kr	83.80	95	アメリシウム	Am	(243)
37	ルビジウム	Rb	85.47	96	キュリウム	Cm	(247)
38	ストロンチウム	Sr	87.62	97	バークリウム	Bk	(247)
39	イットリウム	Y	88.91	98	カリホルニウム	Cf	(252)
40	ジルコニウム	Zr	91.22	99	アインスタイニウム	Es	(252)
41	ニオブ	Nb	92.91	100	フェルミウム	Fm	(257)
42	モリブデン	Mo	95.95	101	メンデレビウム	Md	(258)
43	テクネチウム	Tc	(99)	102	ノーベリウム	No	(259)
44	ルテニウム	Ru	101.1	103	ローレンシウム	Lr	(262)
45	ロジウム	Rh	102.9	104	ラザホージウム	Rf	(267)
46	パラジウム	Pd	106.4	105	ドブニウム	Db	(268)
47	銀	Ag	107.9	106	シーボーギウム	Sg	(271)
48	カドミウム	Cd	112.4	107	ボーリウム	Bh	(272)
49	インジウム	In	114.8	108	ハッシウム	Hs	(277)
50	スズ	Sn	118.7	109	マイトネリウム	Mt	(276)
51	アンチモン	Sb	121.8	110	ダームスタチウム	Ds	(281)
52	テルル	Te	127.6	111	レントゲニウム	Rg	(280)
53	ヨウ素	I	126.9	112	コペルニシウム	Cn	(285)
54	キセノン	Xe	131.3	113	ニホニウム	Nh	(278)
55	セシウム	Cs	132.9	114	フレロビウム	Fl	(289)
56	バリウム	Ba	137.3	115	モスコビウム	Mc	(289)
57	ランタン	La	138.9	116	リバモリウム	Lv	(293)
58	セリウム	Ce	140.1	117	テネシン	Ts	(293)
59	プラセオジム	Pr	140.9	118	オガネソン	Og	(294)

‡：市販品中のリチウム化合物のリチウムの原子量は6.938から6.997の幅をもつ。
*：亜鉛に関しては原子量の信頼性は有効数字4桁目で±2である。

©2019日本化学会　原子量専門委員会

化学が見えてくる

郎義明夫
悦直孝和治
本頭並色好
岩江柿日
三苦

三共出版

まえがき

　最近，日本人のノーベル化学賞受賞が相次いでおります。同じ分野で教育研究に従事しているものとして大変嬉しいことです。それらの受賞に繋がる内容は生命科学の解明手法あるいは工業薬品の化学合成に関する画期的なものです。化学は現代の生活を支える，欠くことのできない学問であり，科学技術の重要な部分を占めるものです。一方，陰の部分として，化学工業製品のごく一部あるいはダイオキシンに代表される化学物質などが人体に有害であることが知られ，さまざまな環境問題がおきております。陰の部分に対してはやはり化学で対処するしかないでしょう。

　若い方は，是非，基礎的な化学を身に付けていただきたいと思っています。しかし，現実を見てみると，大学入試のために化学を履修しない，あるいは，単に授業を受けただけという高校生が多いようです。私どもの大学も生物系学科のため化学を充分に履修している学生は少ないのです。そのため生物の基本的な勉強，研究に入っていくと極めてこころもとなく思われます。

　本書は，そのような大学1年生の学生が大学の化学をいきなり勉強したのでは歯が立たないので，高校の化学に軸足を置き，大学の化学との繋がりを持たせようとしたものです。内容のイメージを伝えることに重点を置いているので，盛り込む内容に偏りがあると思います。通常の教科書のように全てを網羅するのでなく，知ってほしいことに絞っています。講義に使用される先生方は不足部分を是非補足していただきたい。そうすれば，本書は化学系学生の1年生を対象とした化学の講義に，また化学系以外の生物，農学系の講義にも十分活用頂けると信じております。さらに1セメスタのみで時間的な余裕がない文系学科の講義にも基本事項を抽出して効果的な利用をしていただければ目的は十分果たして頂けると思います。また，平易に内容を解説するために所々適切な表現になっていない箇所があるかもしれません。どうか，諸氏のご意見，ご鞭撻を頂きたいと存じます。

　本書を作成するにあたり快くお引き受けいただいた，また，ていねいにご指導を頂いた三共出版の石山慎二さんには深く感謝いたします。また，本書で使用した理解を助ける挿絵はCERST研究補助員の山本剛士君によるものであり，お礼申し上げます。

　平成17年3月

著者一同

目　　次

1　原子の構造と周期表

1-1　物質とその構成元素・原子・分子 …………………………………………… 1
1-2　原子の構造と種類 ……………………………………………………………… 2
1-3　原子番号と原子量 ……………………………………………………………… 3
1-4　原子の電子配置 ………………………………………………………………… 4
　1-4-1　電子の存在位置と4つの量子化　5
　1-4-2　電子軌道の広がり　6
　1-4-3　軌道のエネルギー準位と電子配置　7
1-5　周　期　表 ……………………………………………………………………… 8
　1-5-1　価　電　子　9
　1-5-2　原子半径とイオン半径　10
　1-5-3　イオン化エネルギー　11
　1-5-4　電子親和力　12
　1-5-5　電気陰性度　13

2　原子と原子はどのように結合するか

2-1　粒子を結びつける力 …………………………………………………………… 15
2-2　強い結合 ………………………………………………………………………… 16
　2-2-1　イオン結合　16
　2-2-2　共有結合　17
　2-2-3　配位結合　21
　2-2-4　金属結合　22
2-3　分子間の引き合う力（相互作用） …………………………………………… 22
　2-3-1　水素結合　22
　2-3-2　双極子相互作用　23
　2-3-3　ファンデルワールス力　24

3 濃度とpH

3-1 濃　　度 ………………………………………………………… 26
   3-1-1 質量パーセント濃度　26
   3-1-1 ppm, ppb, ppt　27
   3-1-1 モル濃度　27

3-2 水素イオン濃度とpH ……………………………………………… 28
   3-2-1 酸と塩基　29
   3-2-2 水の電離　30
   3-2-3 酸と塩基の強さ　30
   3-2-4 解離定数　31
   3-2-5 pHとpOH　32

4 酸化と還元

4-1 酸化と還元 ………………………………………………………… 35
   4-1-1 酸化や還元とは何か　35
   4-1-2 酸　化　数　36

4-2 非金属元素の酸化と還元 …………………………………………… 37

4-3 酸化剤と還元剤 …………………………………………………… 37
   4-3-1 酸化剤と還元剤　37
   4-3-2 酸化還元の全反応式　38

4-4 イオン化傾向とイオン化列 ………………………………………… 38

4-5 電極による酸化還元反応 …………………………………………… 39

5 身の回りの有機物　これだけは知っておこう

5-1 有機分子の基礎事項 ………………………………………………… 43
   5-1-1 電気陰性度と有機分子の極性　43
   5-1-2 炭素原子による共有結合　43
   5-1-3 官　能　基　46
   5-1-4 芳香族性　48
   5-1-5 有機分子の立体構造　50
   5-1-6 分子間の相互作用と物性　53

5-2 物質の単離と同定 …………………………………………………… 54

  5-2-1　クロマトグラフィーによる混合成分の単離　54

  5-2-2　化合物とスペクトル　56

5-3　身近な有機分子 …………………………………………… 60

  5-3-1　都市ガスとプロパン　60

  5-3-1　お酢の酸性度を塩酸よりも強くしたい　61

6　どこにでもある無機物

6-1　地殻の元素分布 ………………………………………… 63

6-2　酸化物 …………………………………………………… 64

6-3　水素の酸化物，水 ……………………………………… 65

6-4　鉄の酸化物 ……………………………………………… 68

  6-4-1　酸化鉄　68

  6-4-1　純鉄　69

6-5　チタンの酸化物 ………………………………………… 69

7　化学反応と化学平衡

7-1　化学反応 ………………………………………………… 71

  7-1-1　化学反応の種類　72

  7-1-2　反応熱　72

7-2　化学平衡 ………………………………………………… 73

7-3　化学平衡はどのような影響を受けるのか …………… 75

7-4　反応速度とは …………………………………………… 75

7-5　化学反応はなぜ進む …………………………………… 77

7-6　弱酸と弱塩基の解離平衡 ……………………………… 79

  7-6-1　弱酸　79

  7-6-2　弱塩基　80

  7-6-3　緩衝液　82

7-7　溶解度積 ………………………………………………… 83

  7-7-1　難溶性塩の溶解度積　83

  7-7-1　溶解度に影響する因子　85

8　工業製品と化学

8-1　液晶ディスプレイ …………………………………………………… 87
　8-1-1　液　晶　88
　8-1-2　ディスプレイ　88
　8-1-3　開発の歴史　89

8-2　バッテリー ……………………………………………………………… 89
　8-2-1　電池の原理　90
　8-2-2　リチウムイオン電池　90
　8-2-3　電池の構造　91

8-3　集積回路 ………………………………………………………………… 92
　8-3-1　シリコンウエーハーの製造　92
　8-3-2　集積回路の作成　93

9　環境問題と化学

9-1　身近な環境問題 ………………………………………………………… 95
　9-1-1　総合的な対策を求められるゴミ問題　95
　9-1-2　ゴミに含まれる環境汚染物質　96

9-2　ダイオキシン類の毒性 ………………………………………………… 97

9-3　ゴミ処理施設の現状 …………………………………………………… 98
　9-3-1　焼却炉内でのDXMs発生のメカニズム　99
　9-3-2　最新のゴミ処理施設　99
　9-3-3　RDF施設の課題　100
　9-3-4　焼却炉灰の資源化技術　101

10　生命と化学

10-1　アミノ酸 ……………………………………………………………… 102

10-2　ペプチドとタンパク質 ……………………………………………… 104
　10-2-1　ペプチド　104
　10-2-2　酵　素　105
　10-2-3　タンパク質の構造　106
　10-2-4　タンパク質のアミノ酸配列の決定法　107

  10-3 DNA（デオキシリボ核酸）……………………………………… 107
    10-3-1 ヌクレオチド 108
    10-3-2 DNAの構造 109
    10-3-3 DNAの働き 110

付　録 1 有効数字 ………………………………………………………… 111
   2 単位，定数表ほか …………………………………………… 112
   3 自然科学分野における日本人ノーベル賞一覧 …………… 116
章末問題解答 ……………………………………………………………………… 117
参考図書 …………………………………………………………………………… 125
索　　引 …………………………………………………………………………… 127

1 原子の構造と周期表

1-1 物質とその構成元素・原子・分子

　我々の周りには，単体（水素，鉄，ダイヤモンドなど）や化合物（水，二酸化炭素，塩化ナトリウムなど）からなるいろいろな純物質（pure substance）がある。純物質を構成する基本成分を元素（element）という。単体（simple substance）は単一の元素からなる物質であり，化合物（compound）は2つ以上の元素からなる物質である。純物質を細かく分けていくとその物質の最小単位の粒子となる。気体の水素を例にしてみると，基本成分は水素（元素）であり，水素の最小単位の粒子は2個の水素原子からなっている分子（molecule）である。水を構成する元素は水素と酸素である。そしてその最小単位粒子は水分子であり，その構成は1個の酸素原子と2個の水素原子からなっている。さらにそれぞれの原子は陽子（proton），中性子（neutron），電子（electron）によって構成されている（図1-1）。

　水は分子量が小さい割には100℃と沸点が高く，多くのものを溶かし，液体の密度は固体のそれよりも大きい。それらの性質は水分子の構造（V字形）に由来する。どのようにして分子の構造が決まるのだろうか。しかしながら一方，物質の最小単位が分子とならない塩化ナトリウム，鉄やダイヤモンドがある。なぜ分子という粒子がないのだろうか。

　先ず，物質を形成する基本粒子である原子をみてみよう。

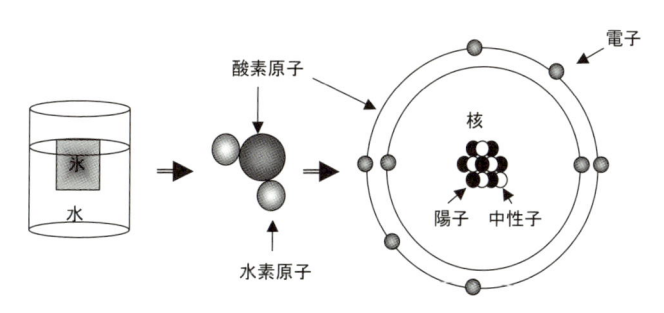

物質（単体・化合物）・水 ⇨ （分子） ⇨ 原子 ⇨ 核（陽子・中性子）・電子

図1-1　物質の構成要素

1−2 原子の構造と種類

物質の構成要素である原子（atom）という粒子は，正電荷をもった原子核（nuclear）と負電荷をもった電子からなっており，原子核は正電荷をもった陽子と中性子から構成されている（表1-1）。

原子の半径はおおよそ 1×10^{-10} m（0.1 nm）オーダーであり，原子核の半径はおおよそ $1 \times 10^{-14} \sim 1 \times 10^{-15}$ m の範囲である。いま原子核の大きさを一円玉（半径1 cm）とすれば原子の半径は約1 km となるから，電子は核からかなり遠くまで運動して存在している。また，陽子1個と中性子1個の質量は電子1個の質量の約1840倍だから，原子の質量は中心にある原子核の極めて小さな部分に集中していることを意味する。

地球上の天然には90種類の元素が存在する。もっとも軽い原子は水素であり，もっとも重い原子はウランである。元素記号（symbol of element）はラテン語に由来しているから，H（水素，Hydrogen）やC（炭素，Carbon）のように英語の頭文字と一致している元素もあるが，Na（ナトリウム，Sodium）やK（カリウム，Potassium）のように必ずしも英語とは一致していない。表1-2 には元素記号が英語と一致していない元素を列挙した。

表 1-1　原子の構成粒子

	名称	記号	電子電荷単位	電荷/クーロン	質量/g	原子質量*/u
原子 原子核	陽子	p	+1	$+1.60217733 \times 10^{-19}$	1.67262×10^{-24}	1.00727
	中性子	n	0	0	1.67492×10^{-24}	1.00866
	電子	e^-	−1	$-1.60217733 \times 10^{-19}$	9.10938×10^{-28}	0.0005486

＊原子質量 (u) = 質量 (g)/$1.6605402 \times 10^{-24}$ g

表 1-2　元素記号と英語名とが一致しない元素

日本語	元素記号	英語
ナトリウム	Na	Sodium
カリウム	K	Potassium
鉄	Fe	Iron
銅	Cu	Copper
銀	Ag	Silver
スズ	Sn	Tin
アンチモン	Sb	Antimony
タングステン	W	Tungsten
金	Au	Gold
水銀	Hg	Mercury
鉛	Pb	Lead

1-3　原子番号と原子量

　元素は原子核の中の陽子の数 Z によって区別される。水素は 1 個の陽子をもち，ヘリウムは 2 個の陽子をもっている。この陽子の数が原子番号 Z（atomic number）であるから，水素の原子番号は 1，ヘリウムは 2 となる。また原子核の外にある電子の数は陽子の数に等しいから，原子番号は電子数ともいえる。

　水素には原子核に 0 個，1 個，2 個の中性子をもった 3 種類の水素が存在する。このように同一元素（原子番号が同じ）に属しながら，中性子の数が違う原子を互いに同位体（isotope）であるといい，またその中で放射能を持つ核種を放射性同位体（radioactive isotope）という。表 1-3 にはいくつかの同位体を示す。原子核を構成する陽子と中性子の数の和を質量数 A（mass number）といい，各元素あるいは同位体は ^1_1H, ^2_1H, $^{12}_6C$ のように元素記号（E）の左下付と左上付にそれぞれ Z と A を付けて識別する。

$$^A_Z E$$

　表 1-1 からもわかるように，陽子と中性子それぞれ 1 個の質量は 10^{-24} g レベル，電子 1 個の質量は 10^{-28} g レベルで，1 個の原子はとても天秤で量れるものではない。化学実験では必要な試薬を秤量して反応させるから，天秤スケールの量的関係を知る必要がある。そこで，質量数 12 の炭素を 12 として，次に示す原子質量単位（atomic mass unit, u）を定め，これに対する相対値を元素の原子量（atomic weight）とした。すなわち，^{12}C の 12 g 中に含まれる原子の数はアボガドロ数（6.0221367×10^{23}）であるから，^{12}C 原子 1 個の質

表 1-3　いくつかの同位体と存在度（原子百分率）

原子番号 Z	元素	質量数 A	原子質量 /u	同位存在度（原子百分率）	備考
1	^1H	1	1.007825	99.9885	軽水素（protium）
	^2H	2	2.014102	0.0115	重水素（deuterium）
	^3H	3		極微量	トリチウム（tritium 放射性同位体） （$t_{1/2}$ = 12.3 年）
2	^3He	3	3.016029	0.000134	
	^4He	4	4.002603	99.999866	
6	^{12}C	12	12	98.93	原子量の基準原子
	^{13}C	13	13.003355	1.07	
	^{14}C	14		極微量	放射性同位体 *（$t_{1/2}$ = 5730 年）
7	^{14}N	14	14.003074	99.636	
	^{15}N	15	15.000109	0.364	
8	^{16}O	16	15.994915	99.757	
	^{17}O	17	16.999131	0.038	
	^{18}O	18	17.999159	0.205	
92	^{234}U	234	234.040947	0.0054	放射性同位体 *（$t_{1/2}$ = 2.5 × 10^5 年）
	^{235}U	235	235.043925	0.7204	放射性同位体 *（$t_{1/2}$ = 7.1 × 10^8 年）
	^{238}U	238	238.050786	99.2742	放射性同位体 *（$t_{1/2}$ = 4.5 × 10^9 年）

＊ $t_{1/2}$ は放射線を出して崩壊し，その物質の量が半分になる時間（半減期）

量の 12 分の 1 と定義された 1 u は次のように計算される。12 分の 1 とするのは，陽子と中性子のそれぞれ 1 個の質量は電子 1 個の質量の約 1840 倍もあり，したがって原子の質量は，その原子核だけの質量とみなしてよく，原子の質量はほとんど陽子と中性子の数の和（質量数）で決まるからである。つまり，1 u は ^{12}C 中の陽子と中性子の平均質量と考えてよい。

$$1\text{ u} = \frac{12 \text{ g}}{6.0221367 \times 10^{23} \text{個}} \times \frac{1}{12} = 1.6605402 \times 10^{-24} \text{ g}$$

表 1-1 には，陽子，中性子および電子それぞれ 1 個の質量を 1 u である $1.6605402 \times 10^{-24}$ g で割った原子質量が与えてある。他の元素の原子量も同様に原子質量で表される。また言い換えれば，原子量とは，アボガドロ数の原子集団を比較して，^{12}C の 12 g に対する相対的な質量比ということができる。

地球上の天然中に存在する元素の原子量は，同位体の存在率を考慮した原子質量となる。

（例題 1-1）天然中の炭素の原子量を計算せよ。

解）炭素の原子量 = （^{12}C の原子質量 × 98.93%）+ （^{13}C の原子質量 × 1.07%）

$= 12 \times 0.9893 \ \ + \ 13.003355 \times 0.0107$

$= 12.0107$

（例題 1-2）^1H の原子 1 個の質量は 1.673534×10^{-24} g であり，^{12}C 原子 1 個の質量は 1.992648×10^{-23} g である。それらの比は □ : 12 である。

解）$12 \times (1.673534 \times 10^{-24}\text{ g}/1.992648 \times 10^{-23}\text{ g}) = \boxed{1.007825}$，$^{12}C = 12$ に対する比であるから，これは ^1H の原子質量となる。

（例題 1-3）1.5002 g の金の中には 4.5867×10^{21} 個の金原子が存在した。Au の原子量を計算せよ。

解）Au のアボガドロ数の原子集団の質量は，$1.5002 \text{ g} \times 6.0221 \times 10^{23} / 4.5867 \times 10^{21}$ = 196.97 g であるから，^{12}C のアボガドロ数個の 12 g に対する相対質量である原子量は，196.97（= $12 \times 196.97 \text{ g} / 12 \text{ g}$）となる。単位の g が消えることに注意せよ。

1-4　原子の電子配置

原子番号が増えるに従って電子数も増えていく。では，電子はどこに入っていくのだろう。原子の構造をはじめて提唱したボーア (N. Bohr 1913) は，電子は原子核を中心にしていくつかの同心円上の軌道に分かれて存在していると考えた。その後電子は波動的な性

質をもっていることや，連続的に原子核の周りのどこにでも存在するのではなく，とびとびのエネルギー準位をもつ規定（量子化）されたところに存在することがわかってきた。

1-4-1 電子の存在位置と4つの量子化
電子は次の4つの量子数（quantum number）n, l, m, m_s によって規定される。

(1) **主量子数**　　n : 1, 2, 3, 4, ・・・
　（対応する記号）： K, L, M, N, ・・・電子殻（主殻）
　電子のエネルギー状態をもっとも大きく規定する量子数である。

(2) **方位量子数**　　l : 0, 1, 2, 3, ・・・$(n-1)$
　（対応する記号）： s, p, d, f, ・・・電子軌道（副殻）
　副量子数ともいい，電子の軌道の形を規定する量子数である。

(3) **磁気量子数**　　m : 0, ± 1, ± 2, ± 3, ・・・$\pm l$
　軌道の広がる方向を示す。原子の普通の状態ではエネルギーの差を与えない。

(4) **スピン磁気量子数**　　m_s : $+1/2$, $-1/2$
　電子の自転の方向を規定する。

電子は核の周りを波動的な運動をしているためその存在場所は確率的にしか表現されない。また電子はどこにでも存在しえるのではなく，上に述べた4つの量子数によって規定されている。これを量子化（quantization）という。まず，それはちょうどボーアの考えた同心円の1層，2層，3層というように居場所が規定される。1層，2層，3層などに相当する $n=1, 2, 3, 4$ は主量子数（principal quantum number）と呼ばれる。$n=1$ には名前を付けてK殻（shell），$n=2$ はL殻，以下M殻，N殻と続く。それぞれの電子殻（electron shell）には $2n^2$ 個の電子が入ることができる。

さらに多数の電子をもつ電子殻は副殻（subshell）s, p, d, f 軌道に順次拡大区画（量子化）されており，それぞれに入ることができる電子数は2個，6個，10個，14個に限られている。電子が入る軌道を図1-2と表1-4にまとめた。K殻にはs軌道のみ，L殻にはsとp軌道そしてM殻にはs, p, d 軌道と増えてくる。電子殻K, L, M, Nの電子軌道は 1s, 2s,

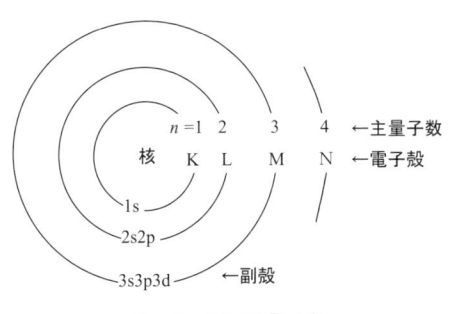

図1-2　原子の電子殻

表 1-4　電子軌道と収容電子数

主量子数 (n)	電子殻	電子軌道（副殻）	収容電子数	総電子数（$2n^2$）
1	K	1s	2	2
2	L	2s	2	8
		2p	6	
3	M	3s	2	18
		3p	6	
		3d	10	
4	N	4s	2	32
		4p	6	
		4d	10	
		4f	14	

3s，4s のように主量子数 n を付することによって区別される。

1-4-2　電子軌道の広がり

電子の存在確率が高い道を軌道（orbital）といい，三次元的には図 1-3 のような広がりをもっている。この領域は，電子密度（electron density）が大きく，電子雲（electron cloud）とも呼ばれる。

s 軌道は原子核を中心にして球状に広がっている。1s，2s，3s になるに従って，中心核からの距離は長くなる。p 軌道は 2 つの団子の串刺しのように x, y, z の各軸の方向に広

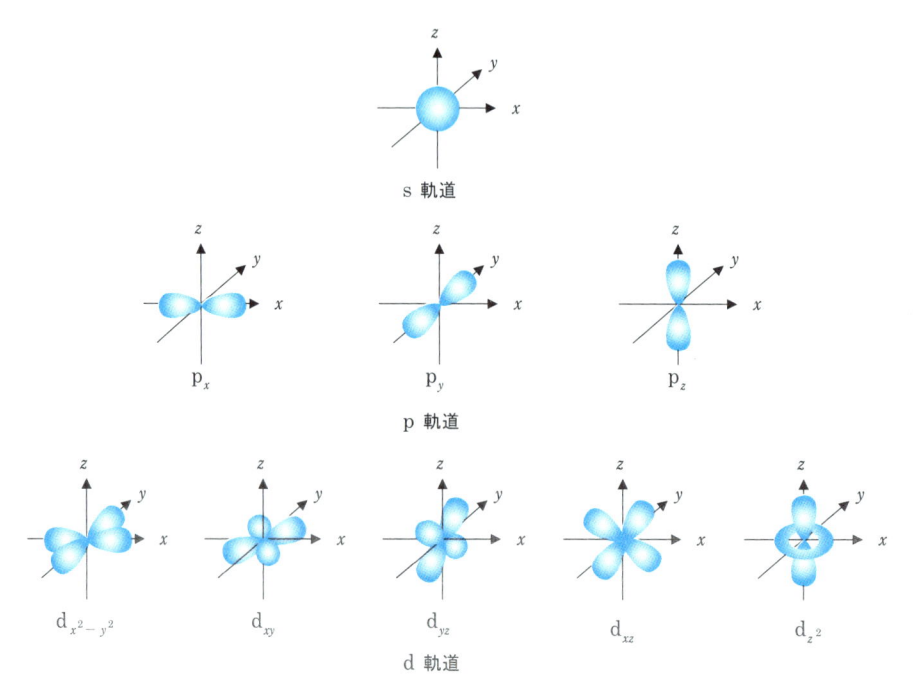

図 1-3　電子軌道の形

がった p_x, p_y, p_z の3つの軌道からなっている。d 軌道はさらに複雑になり，5つの軌道からなっている。示していないが，f 軌道は7つの軌道からなる。

以上のように，電子 s 軌道は磁気量子数（$m=0$）に規定された軌道1つをもち，p 軌道は $m=\pm1$, 0 に相当する3つの軌道 p_x, p_y, p_z をもつ。d 軌道は $m=\pm2$, ±1, 0, に相当する5つの軌道 d_{xy}, $d_{x^2-y^2}$, d_{xz}, d_{yz}, d_{z^2} からなっている。

次のような図で表すと便利である。

$$s\square, \quad p\square\square\square, \quad d\square\square\square\square\square$$

1つのボックスには2つの電子が入ることができ，s 軌道の収容電子数は2個（2×1），p 軌道では6個（2×3）となる。さらにボックスの2つの電子はスピン（spin）磁気量子数，$+1/2$ と $-1/2$ によってそれぞれ，矢印↑と↓によって区別される。↑↓の状態を逆のスピン，または対になったといい，そして↑↑をスピン平行という。

したがって，同じ4つの量子数をもつ電子は2つ以上存在しない。つまり，↑↑となることはなく，1つの電子状態には1個の電子しか入れない。これをパウリの排他原理（Pauli exclusion principle）という。

1-4-3 軌道のエネルギー準位と電子配置

原子番号が増えるとともに電子は増えて軌道に配置される。配置の仕方は幾通りも存在する。これらの内でもっとも低いエネルギーをもつ電子配置（electron configuration）を基底状態（ground state），そしてそれ以外の高いエネルギーをもつ電子配置を励起状態（excited state）という。

基底状態の電子配置は，パウリの排他原理と次の規則に従う。

(1) 電子はエネルギーの低い殻，そして電子軌道から順に入っていく。
(2) 電子はできるだけスピン平行になるように軌道に入る。これをフントの規則（Fund's rule）という。

エネルギーが低いということは，正電荷をもつ原子核により強く引力（安定）を受けることを意味する。多電子系原子の軌道エネルギーはK＜L＜M＜N，そしてs＜p＜d＜fの順に高くなる。電子軌道のエネルギーの順番を図1-4に示した。ただし，電子間の遮蔽効果から4s＜3dとなっていることに注意が必要である。このことは遷移元素では内側の殻（3d）に電子が入ることを意味し，遷移金属の性質に大きく寄与することになる。基底状態では3つのp軌道や5つのd軌道の間にはエネルギーの差はない。これらは縮重（degenerate，縮退ともいう）しているという。

表1-5には上で述べた規則に従った2周期までの元素の電子配置を示した。6番目の炭素は $1s^2\,2s^2\,2p^2$ となるが，p 軌道中の2電子は逆のスピン（↑↓）とならずに，フントの規則に従って1つずつ平行（↑↑）となって入る。

図1-4　電子軌道のエネルギー準位

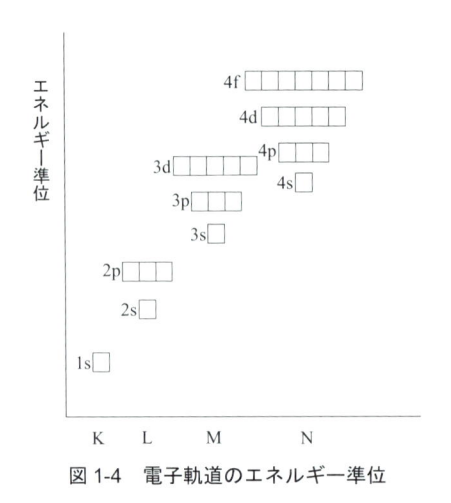

表1-5　元素の電子配置記号と電子の詰まり方

元素	記号	K殻 1s	L殻 2s　2p	
H	$1s^1$	↑		
He	$1s^2$	↑↓		
Li	$1s^2\ 2s^1$	↑↓	↑	
Be	$1s^2\ 2s^2$	↑↓	↑↓	
B	$1s^2\ 2s^2\ 2p^1$	↑↓	↑↓　↑	
C	$1s^2\ 2s^2\ 2p^2$	↑↓	↑↓　↑↑	←フントの規則
N	$1s^2\ 2s^2\ 2p^3$	↑↓	↑↓　↑↑↑	
O	$1s^2\ 2s^2\ 2p^4$	↑↓	↑↓　↑↓↑↑	
F	$1s^2\ 2s^2\ 2p^5$	↑↓	↑↓　↑↓↑↓↑	
Ne	$1s^2\ 2s^2\ 2p^6$	↑↓	↑↓　↑↓↑↓↑↓	

付録の表には，元素の周期表に従って原子番号順に並べた全元素の電子配置を示した。

1-5　周期表

　メンデレーフは原子量の順に元素を並べると，似た性質をもった元素がある周期に現れることを発見した。3番目のLi, 11番目のNa, 19番目のKは8元素をおいて現れ，同じ組成をもった塩化物，LiCl, NaCl, KClを生成した。また，同様に4番目のBe, 12番目のMg, 20番目のCaは塩化物 $BeCl_2$, $MgCl_2$, $CaCl_2$ を生成した。こうしてメンデレーフは似た性質をもった元素を縦に並べて，元素の周期表（periodic table）をつくりあげ，未発見の元素の予測を可能にした。似た性質の周期性は，正確には原子番号と関係付けられて現在の周期表となっている。

　表1-6には原子番号の順に並べた周期表における元素の分類を示した。縦の列が族（group），横の行が周期（period）である。元素はその性質を決定する上で，s, p電

表 1-6 元素の分類

周期＼族	1	2		12	13	14	15	16	17	18
1										
2	典型元素									
3	(s電子ブロック)									
4		遷移元素			典型元素					
5		(d電子ブロック)			(p電子ブロック)					
6										
7										
ランタノイド アクチノイド		遷移元素（f電子ブロック）								

子が関与する典型元素（typical elements）と d, f 電子が関与する遷移元素（transition elements）に分類される。

1-5-1 価電子

周期性が現れるのはなぜだろうか。化学反応が起こる時には，原子同士の衝突がある。図 1-5 に示すように，その時まず接触するのは，原子の一番外側に存在する電子であるから，それらの電子の働き具合によって原子の化学的性質が左右されることになる。

電子配置において外側にある電子殻を占める電子（最外殻電子）を，価電子（valence electron）という。リチウムは L 殻に 1 つ，炭素は L 殻に 4 つの価電子をもつ。元素の電子配置（付録 7）に示したように，同じ価電子数の元素は周期的に現れ，価電子数が似ている元素は似た化学的性質を示す。価電子が 1 つのリチウム，ナトリウム，カリウムは上で述べたように，同じ組成をもった塩化物を生成する。価電子数が 0 のネオン，アルゴン，クリプトンは反応性に乏しく不活性気体と呼ばれる。

一般に典型元素の 1 原子がもつ価電子の数は，その族の数に等しい。13～17 族の原子は 1 位の数字が価電子数を示す。今，価電子を記号・で表せば，2 周期の各族の元素の価電子数は表 1-7 のように表される。この表記法は電子式とか，ルイス記号（Lewis symbol）と呼ばれる。表記には 1 個（・）のものと，対になった 2 個（：あるいは‥）のものとがある。前者を不対電子（unpaired electron）という。2, 13, 14 族には充たされた s 軌道（s^2 ↑↓）の逆のスピンとなった電子対があるが，後（2 章 2-2-2）で述べるように化学結合を形成するとき，あたかも 2 個の不対電子のように振る舞うのでこのように表記

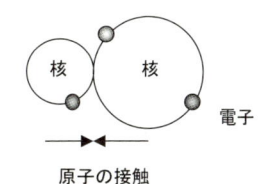

図 1-5 最外殻電子雲が先ず接触する

表 1-7 2周期元素の価電子数と表し方

族	1	2	13	14	15	16	17
記号	Li・	・Be・	・B̈・	・C̈・	・N̈・	・Ö・	:F̈・

する。

周期的に変化する元素の性質にはどんなものがあるだろうか。次にいくつかを示す。

1-5-2 原子半径とイオン半径

原子およびイオンの半径は原子核から外殻の電子が存在する平均距離と考えられる。図1-6には原子半径とその元素の主なイオンの半径の周期性を示した。原子半径は同じ周期では1族の原子がもっとも大きく、原子番号とともに小さくなっていく。L殻に電子が順次入る2周期では、Li > Be > B > C > N > O > F である。核の正電荷が大きくなるほど電子は中心核へ引き寄せられ、半径は小さくなる。また、電子は主量子数 n とともに原子核からますます離れて存在することから、原子半径が Li < Na < K < Rb < Cs の順に大きくなっていく。

イオン半径では、最外殻電子を失って主量子数が1つ減った内殻に電子をもつ陽イオンとなるアルカリイオンは原子半径よりかなり小さくなる。例えば、Li (123 pm) から Li^+ (76 pm) となる。反対に、最外殻の1個の空席に電子を補って陰イオンとなるハロゲン族イオンなどは電子間の反発でかなり半径は大きくなる。フッ素では F (64 pm) から F^- (133 pm) となり倍以上の半径となる。

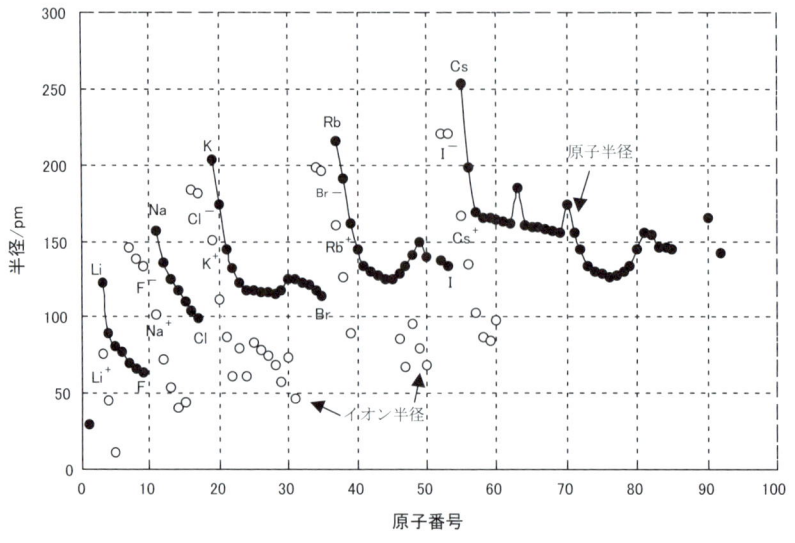

図 1-6 原子半径とイオン半径の周期性

1-5-3 イオン化エネルギー

気体の中性の原子にエネルギーを与えると，電子は励起されてエネルギー準位の高い軌道へ移り，さらにエネルギーを与え続けるとついには軌道から無限遠に引き離され，陽イオンと自由電子となる。この解離に必要なエネルギー（原子が吸熱）がイオン化エネルギー（ionization energy）である。中性原子から1個の電子を引き離す時第1イオン化エネルギー，さらに1価の陽イオンから1個の電子を引き離す時第2イオン化エネルギー，そしてさらに2価の陽イオンから1個の電子を引き離す時第3イオン化エネルギーという。

例えばナトリウムの場合，第1イオン化エネルギーは 496 kJ/mol

$$Na \longrightarrow Na^+ + e^-$$

第2イオン化エネルギーは 4,563 kJ/mol

$$Na^+ \longrightarrow Na^{2+} + e^-$$

第3イオン化エネルギーは 6,912 kJ/mol

$$Na^{2+} \longrightarrow Na^{3+} + e^-$$

である。イオン化エネルギーが小さいということは，それだけ簡単にイオン化することを示す。ナトリウム原子の電子配置（$1s^2\ 2s^2 2p^6\ 3s^1$）は1個の電子を放出してアルゴンの電子配置（閉殻 closed shell，$1s^2\ 2s^2 2p^6$）をとって安定する。第2イオン化エネルギーには

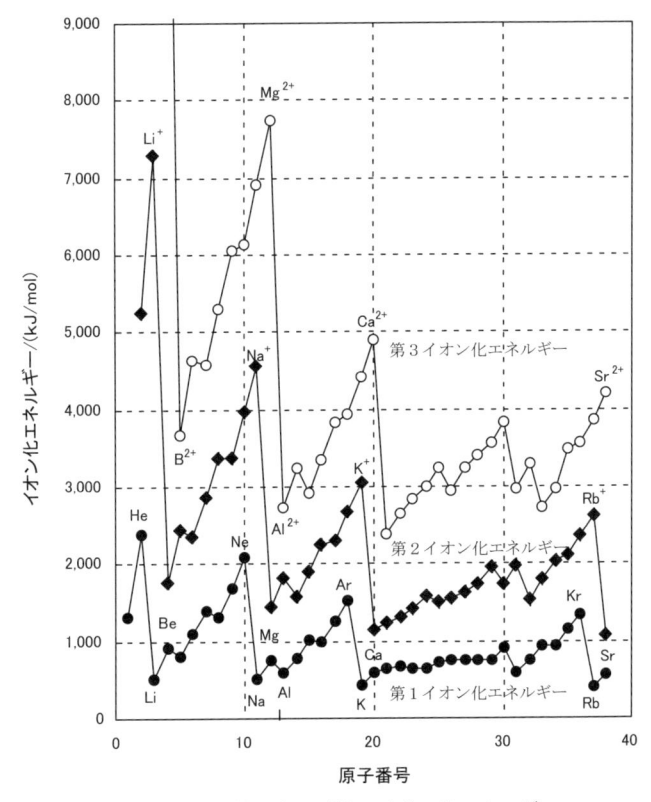

図1-7 第1，第2および第3イオン化エネルギー

主量子数が減ったL殻から電子が出るために中心核の引力が強く，10倍ほどの大きなエネルギーが必要であり，第3イオン化エネルギーはさらに大きくなる。Na^+は天然には存在するが，Na^{2+}やNa^{3+}は存在しない。

図1-7には原子番号が38のルビジウムまでの第1，第2および第3イオン化エネルギーの周期的変化を示した。それぞれのイオン化エネルギーで極大値を示すのは，第1イオン化エネルギーが不活性気体（He，Ne，Ar，Kr），第2イオン化エネルギーが1価のアルカリ金属イオン（Li^+，Na^+，K^+，Rb^+），そして第3イオン化エネルギーが2価のアルカリ土類金属イオン（Be^{2+}，Mg^{2+}，Ca^{2+}，Sr^{2+}）であり，それぞれの電子配置（閉殻）がより安定であることを示している。

1-5-4 電子親和力

中性の原子が電子を遊離する時に必要なエネルギーがイオン化エネルギーであるのに対して，真空中で中性の原子が電子と結合してその時に放出するエネルギーは，電子親和力（electron affinity）と呼ばれ，1価の陰イオンへのなりやすさの尺度となる。一般的にはこの過程は，電子が入ることによる電子間の反発より核による引力が強く，エネルギーを放出（発熱）する。その値が正に大きいほど陰イオンになりやすく，負であれば真空中では不安定であることを示す。しかし，溶液あるいは結晶中では溶媒和や周囲のイオンの影響でそうとは限らない。塩素では電子が結合する次の反応が起こる時，348 kJ/molのエネルギーを放出する。塩素原子は電子配置（M殻，$3s^2 3p^5$）に1個の電子を取り込んでアルゴンの閉殻配置（$1s^2\ 2s^2\ 2p^6\ 3s^2 3p^6$）の塩化物イオン$Cl^-$となって安定する。

$$Cl\ +\ e^-\ \longrightarrow\ Cl^-$$

分子や原子団に対しても電子親和力が同様に定義できる。表1-8にいくつかの電子親和力を示す。

電子親和力にも周期性がみられ，核の電荷の有効性が大きくなる周期表の右上の元素ほど電子親和力が大きい。しかし，フッ素が最も大きな電子親和力を示すわけではない。他のハロゲンに比べて，径がより小さなL殻に電子が入るフッ化物イオンF^-では電子間の反発が大きくなる結果，塩化物イオン生成より電子親和力が小さくなる。同様なことが酸

表1-8 電子親和力（kJ/mol）

1族	H (72)　Li (60)　Na (53)　K (48)
2族	Be (-100)　Mg (-30)
14族	C (123)
15族	N (-9)
16族	O (142)　S (201)
17族	F (322)　Cl (348)　Br (324)　I (295)
分子	O_2 (43)　BF_3 (255)

素イオン O^- にも当てはまり，同族の硫黄より電子親和力は小さくなる。結局，核からの引力と電子間の反発の釣り合いによる。

1-5-5 電気陰性度

結合している 2 つの原子 A，B 間では電子対をお互いに引きつけようとする。電子対を引きつける能力が高い原子（例えば原子 A，図 1-8）ではそれだけ負電荷を帯び，一方の原子（B）では正電荷を帯びることとなって，分子は極性をもつことになる。

ポーリング（L. Pauling）はその能力を電気陰性度（electronegativity）と定め，各原子の値を決定した（表 1-9）。この電気陰性度にも周期性がみられ，周期表の右上の元素ほど電気陰性度が大きく，フッ素原子が頂点に位置する。

電気陰性度の差が大きいほどその結合はイオン性を帯びる。塩化ナトリウム結晶では電気陰性度の差が大きく電子対は塩素原子に 100%引きつけられている。水分子では，電子は酸素原子に引きつけられ，酸素原子はより負電荷を，水素原子はより正電荷を帯びて分極する。これが水分子間の水素結合の原因となっている。

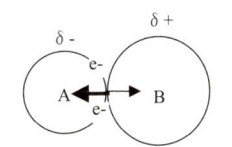

図 1-8 共有電子の偏り

表 1-9 電気陰性度　　電気陰性度 ⟶ 増大

1族	2族	3族	14族	15族	16族	17族
H 2.1						
Li 1.0	Be 1.5	B 2.0	C 2.5	N 3.0	O 3.5	F 4.0
Na 0.9	Mg 1.2	Al 1.5	Si 1.8	P 2.1	S 2.5	Cl 3.0
K 0.8	Ca 1.0	Ga 1.6	Ge 1.8	As 2.0	Se 2.4	Br 2.8
Rb 0.8	Sr 1.0	In 1.7	Sn 1.8	Sb 1.9	Te 2.1	I 2.5

増大 ↑ 電気陰性度

【章末問題】

1. 表 1-3 の値を用いて，窒素の原子量を求めよ。

2. 原子量は必ずしも原子番号の順に大きくなるとは限らない。例えば，アルゴンは $_{18}Ar$（39.95）であり，カリウムは $_{19}K$（39.10）となって逆転している。その理由を述べよ。

3. $_{20}Ca$ の電子配置を表 1-5 に従って示せ。

4. $_{13}Al$, $_{16}S$, $_{35}Br$ について，次の問いに答えよ。
   (1) それぞれ何族に属するか。
   (2) それぞれの価電子をルイス表記で示せ。

5. $_{1}^{1}H$ の原子質量（1.007825）は 1 個のプロトンの原子質量（1.007276 × 1）と 1 個の電子の原子質量（0.0005486 × 1）との和である。同様に ^{12}C を計算すれば，(1.007276 × 6) + (1.008665 × 6) + (0.0005486 × 6) = 12.098940 となり，原子量の基準としての 12 とはならない。なぜか理由を述べよ。

6. $_{20}Ca$ は Ca^{2+} になりやすいが，Ca^{-} にはなりにくい。なぜか理由を述べよ。

2 原子と原子はどのように結合するか

2-1　粒子を結びつける力

　原子と原子が結合した物質（分子）ですぐ思いつくのに，水素，水や塩化ナトリウム（食塩，NaCl）などがある。同じ元素が結合した水素は H_2 であって，H でも H_3^- でもない。なぜだろう。水（H_2O）の水素と酸素，そして食塩結晶中のナトリウムと塩素を結び付ける力は何だろうか。また，水分子はなぜ V 字型なのだろうか。

　結合には，強い結合としてイオン結合（ionic bond），共有結合（covalent bond），金属結合（metallic bond）がある。その他に配位結合（coordinate bond）があるが，これは共有結合の一種である。弱い結合には，分子間の相互作用の原因となる水素結合（hydrogen bond），双極子相互作用（dipole-dipole interaction），そしてファンデルワールス力（van der Waals force）がある。

　粒子と粒子を結びつける力は，簡単にいえば，正電荷を帯びた粒子と負電荷を帯びた粒子の電気的な引力と考えてよい。そして同種の電荷は反発する。

　正電荷を帯びた粒子には，プロトンと陽イオンがあり，負電荷を帯びた粒子には電子と陰イオンがある。また，後に述べる分極の正・負の極性がある（表 2-1）。

　以上のことを原則として，1 章で述べた価電子を頭において原子間の結合を考えよう。

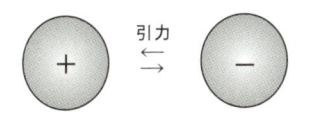

(a)　正電荷と負電荷の引力

(b)　同種の電荷間の反発

図 2-1　電荷を持った粒子間の引力と反発力

表 2-1 正負の電荷粒子

正電荷の粒子	陽子，陽イオン，正の極性部分
負電荷の粒子	電子，陰イオン，負の極性部分

2-2　強 い 結 合

2-2-1　イオン結合

　価電子を1個もつ1族のアルカリ金属は1価の陽イオンになりやすく，価電子を7個もつ17族のハロゲンは1価の陰イオンになりやすい。ナトリウムと塩素はその代表的な元素である。高温で金属ナトリウムと塩素ガスは激しく反応して塩化ナトリウムとなる。両原子の間で，電子の授受が成立し，ナトリウムイオン Na^+ と塩化物イオン Cl^- となってそれぞれ不活性気体の閉殻構造をとって安定化する。[Ne] はネオン型電子配置 $1s^2 2s^2 2p^6$ を表す。

$$2Na + Cl_2 \longrightarrow 2Na^+Cl^-$$

$$[Ne]\,3s^1 \quad\quad [Ne]\,3s^2 3p^5 \longrightarrow [Ne]^+ \cdot [Ar]^-$$

（電子の移行）

　同種イオン間の反発を弱める配置を取りながら，生じた陽イオン・陰イオン間の引力（静電引力 electrostatic force，またはクーロン力 Coulomb's force という）で塩化ナトリウム結晶が生成する（図2-2）。このように陽イオンと陰イオンの間の静電引力による結合をイオン結合という。結晶は電気的に中性であるから，1価の電荷をもつ Na^+ と Cl^- が結合する比は1対1であり，NaClと表記する。

　塩化ナトリウムが溶けた水溶液では，ナトリウムイオンと塩化物イオンは水分子と結合（水和 hydration という）して，ナトリウムイオンと塩化物イオンは結合せずに離れた状態（電離 dissociation）となるが，水を蒸発すると再び正電荷と負電荷の引力で，結合していた水を離し（脱水和 dehydration），結晶が成長する。

$$Na^+(H_2O)_m + Cl^-(H_2O)_n \longrightarrow NaCl + (m+n)H_2O$$

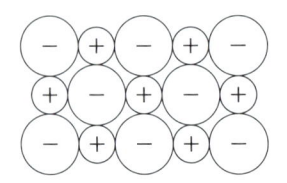

図 2-2　塩化ナトリウム結晶のイオン配列

2章 原子と原子はどのように結合するか

一般に，表1-6におけるs電子ブロックの典型元素とp電子ブロックの典型元素との化合物では電気陰性度の差が大きいことから，イオン結合を形成しやすい。

（例題2-1） カルシウムと塩素から塩化カルシウムが生成する反応を，それぞれの電子配置を明記して書け。

解）   Ca + Cl_2 ⟶ $CaCl_2$
      $[Ar]4s^2$ $[Ne]3s^23p^5$ $[Ar]^{2+}\cdot 2\,[Ar]^-$

2-2-2 共有結合
(1) 2原子分子

等核分子である水素（H_2）の場合には同じ原子からなっているので，電子を引き合う力は同じであり，イオン結合を形成することはできない。しかし，多少の無理を承知して，上（2-1）で述べた原則を当てはめれば，価電子が1個で1s軌道に半分空席をもつ水素原子が互いにある距離に近づくと，一方の核の正電荷は他方の負電荷の電子を引きつけることができる。しかし近づきすぎると核の正電荷間の反発が強くなり，結局互いの引力と反発力がつり合った距離（結合距離 bond distance）で安定する。このとき両水素原子の1個の電子をもつ1s軌道は球形であるから結合には方向性はないが，最大限に重なり，共通の軌道を形成して結合する。この様子を図2-3と図2-4に示した。この共通の軌道では2個の電子は逆のスピンとなってどちらの原子にも属した共有電子対（shared electron pair）となる。こうなればどちらの水素原子もあたかもヘリウムと同じような電子配置（閉殻構造）をとることになり，安定化する。

このように結合しようとする原子が1個の価電子（不対電子 unpaired electron）を出し合い，2個の電子を共有してできる結合を共有結合といい，この考え方は原子価結合理論

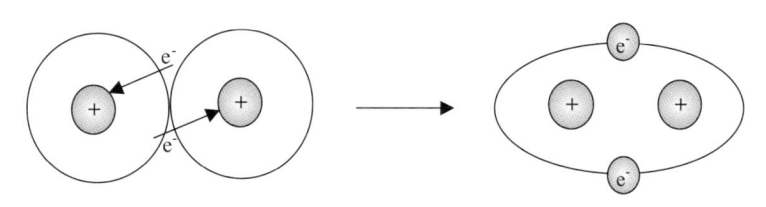

図2-3 水素原子間の引力と軌道の重なり

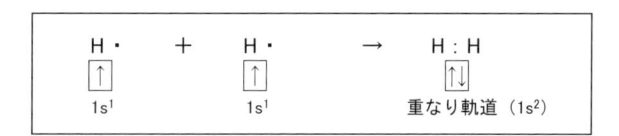

図2-4 水素分子の形成

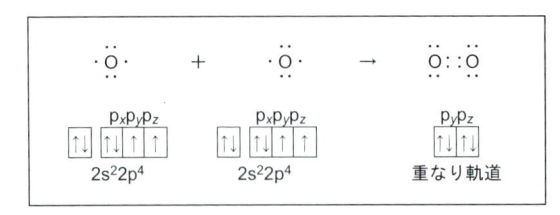

図 2-5　酸素分子 O_2 の形成

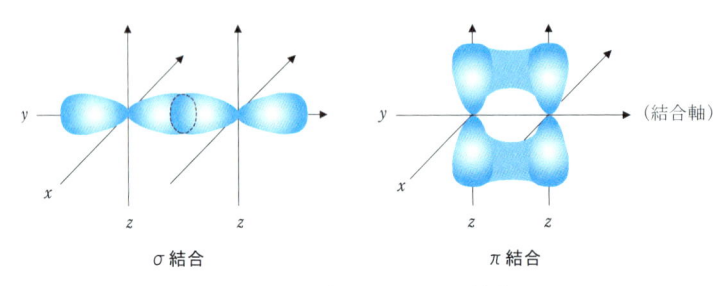

図 2-6　重なった $2p_y$, $2p_z$ 軌道

(valence bond theory) と呼ばれる。H_2 分子には，さらにもう1つの水素原子（$1s^1$）と結合し得る不対電子はなく，H_3 は形成されない。

今度はp軌道が関与する酸素分子 O_2 を考えてみよう。16族の酸素は6個の価電子（$2s^22p^4$）をもち，不対電子の数はp軌道の2個（p_y, p_z，ただし，3つのp軌道のうち，どの軌道でも等価）である（図 2-5）。p軌道は決まった方向に広がっていることに注意しよう。もし，2個の酸素原子が y 軸に沿って結合する時，p_y 軌道が重なり，さらに p_z 軌道も重なる。図 2-6 はこの様子を示す。結合軸に沿った酸素原子の p_y 軌道どうしの結合を σ 結合（σ bond），これに関与する電子を σ 電子（σ electron），そして結合軸に直角な p_z 軌道どうしの結合を π 結合（π bond），これに関与する電子を π 電子（π electron）という。

このように，σ 結合と π 結合が各1つずつからなる結合を二重結合（double bond），といい，水素分子のように σ 結合だけからなる結合を単結合（single bond）という。3個の不対電子をもつ窒素原子が結合する窒素分子 N_2 は1つの σ 結合と2つの π 結合からなる三重結合（triple bond）となる。

(2) 多原子分子と混成軌道

水分子（H_2O）の説明の前に，有機化合物の中心的元素である炭素の結合を，メタン分子 CH_4 を例として考えてみよう。14族の炭素原子の価電子数は4個で，電子配置は $2s^22p^2$ である。この基底状態では2個の不対電子しかないので，2個の水素原子としか結合できないようにみえる。しかし，実際には CH_2 という分子は存在せず，4個の水素が結合したメタン CH_4 である。これは原子価結合理論では次のように説明される（図 2-7）。炭素原子が水素原子と接触して反応する時，エネルギーを得て励起され，炭素の1個の

2章 原子と原子はどのように結合するか

```
基底状態
  4 H·    +    :C·
                ·
                    2s  p_xp_yp_z
  4 [↑]        [↑↓][↑][↑][ ]
  4 1s^1         2s^2 2p^2
```

↓ 昇位

```
励起状態
                    ·
  4 H·    +    ·C·
                    ·
  4 [↑]        [↑][↑][↑][↑]
  4 1s^1        sp^3 混成軌道
```

↓ 重なり

```
化合物生成
           H
           ··
    H : C : H
           ··
           H
    [↑↓][↑↓][↑↓][↑↓]
       sp^3 混成軌道
```

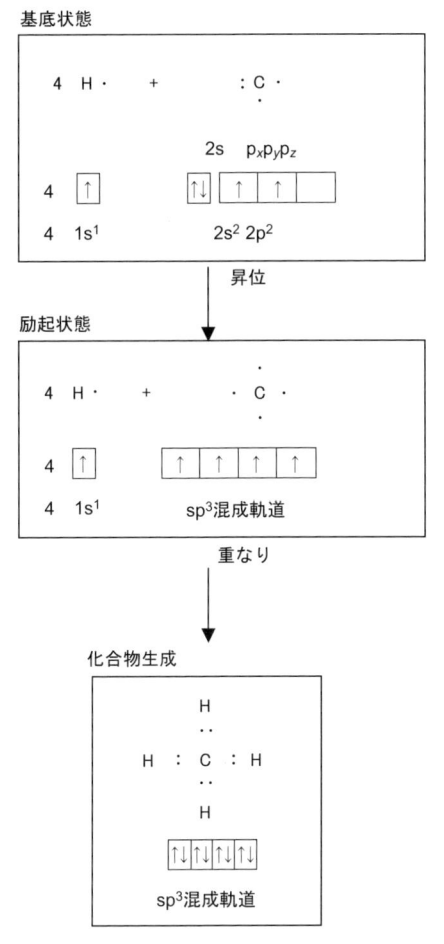

図 2-7 sp^3 混成軌道の形成

2s 軌道と 3 個の 2p 軌道（p_x, p_y, p_z）が混じり合い（混成 hybridization），$2s^2$ 電子の 1 個が 2p 軌道に入って $2p^3$ となる。これを昇位（promotion）という。このような軌道の再編成の結果，同じエネルギーでそれぞれ不対電子をもった新しい 4 つの軌道が形成され，水素原子の不対電子と共有結合をつくる。これを sp^3 混成軌道（hybrid orbital）といい，原子核を中心として正四面体の各頂点に軌道が広がっている。この様子を図 2-8 に示す。したがって，メタンは正四面体形構造（tetrahedral structure）をしている。

水分子では，酸素と水素が反応する時，同様に酸素原子が励起されて sp^3 混成軌道ができる。そのうち 2 つの軌道には電子対が入り，2 つの軌道には不対電子が入って 2 個の水素原子の不対電子と電子対となって共有結合を形成する。水分子 H-O-H の結合角 104.5° は sp^3 混成軌道の正四面体結合角の 109.5° に近く，やや小さいのは 2 組の共有されていない電子対（非共有電子対 unshared electron pair あるいは孤立電子対 lone pair）間の反発によるひずみである。

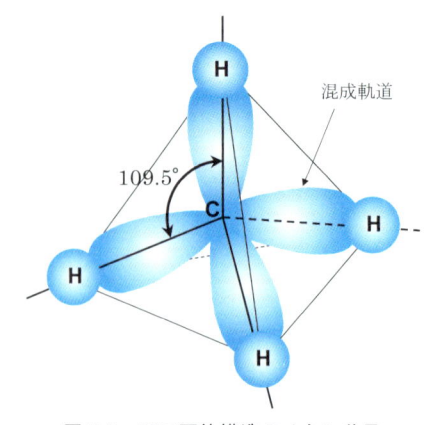

図 2-8　正四面体構造のメタン分子

励起状態

H・　＋　・Ö・　＋　・H

1s^1　　sp^{3}混成軌道　　1s^1

↓ 結合

混成状態

H：Ö：H

sp^{3}混成軌道

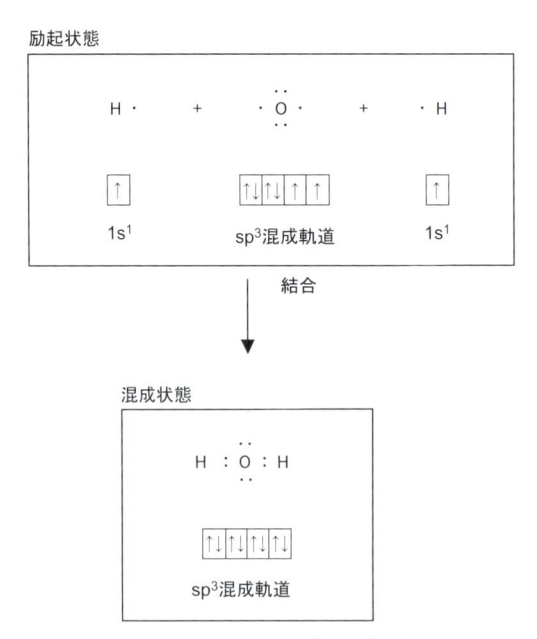

図 2-9　水分子の sp^3 混成軌道

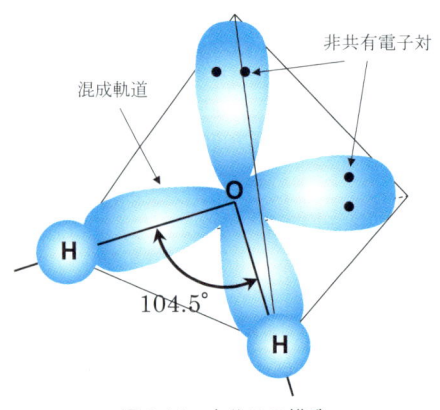

図 2-10　水分子の構造

> (例題2-2) アンモニア分子の構造を混成軌道を用いて説明せよ。
>
> **解)** アンモニア分子の形成では，窒素原子 ($2s^2 2p^3$) が1対の電子対と3個の不対電子をもった sp^3 混成軌道をつくり（図2-11），3個の水素原子と結合する。H N–H の角度は $106.7°$ であり，1対の非共有電子対をもっているためわずかに正四面体構造からひずんでいる。
>
> 窒素の原子軌道 $2s^2$ $2p^3$ ⟶ 窒素原子の sp^3 混成軌道
>
> [↑↓][↑][↑][↑]　　　　　　[↑↓][↑][↑][↑]
>
> ```
>       H
>       ··
>   H : N :
>       ··
>       H
> ```
> [↑↓][↑↓][↑↓][↑↓]
> sp^3 混成軌道
>
> **図 2-11 アンモニア分子の混成軌道**

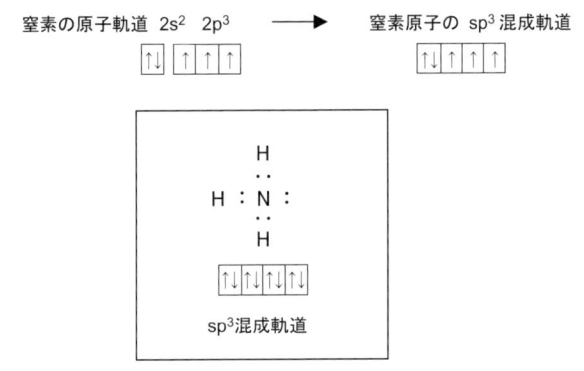

その他にいくつかの混成軌道があり，sp^2 混成軌道は炭素間の二重結合（エチレンなど）と 13～15 族の平面三角構造（BCl_3，CO_3^{2-}，NO_3^-）の解釈に，そして sp 混成軌道は炭素間の三重結合（アセチレンなど）や 2 族の直線構造（BeH_2）の解釈に用いられる。再度，有機化学に関する 5 章で混成軌道について述べる。

1章でも述べたが，基底状態の炭素原子の価電子（$2s^2 2p^2$）は，1対の電子対と2個の不対電子からなっているにもかかわらず，表 1-7 では 4 個の不対電子でルイス表記したのは，反応する時あたかもそのように振る舞うからである。2族と3族の元素も同様である。

2-2-3　配位結合

基本的には，1つの結合形成には2個の電子が必要である。不対電子を出しあって共有したのが共有結合であった。では，一方的に電子対を与える原子と一方的にそれを受け取る原子の間に結合はできるであろうか。それは可能であり，例としてアンモニウムイオン NH_4^+ をあげよう（図 2-12）。

アンモニア分子の窒素原子は前述したように非共有電子対をもつ。一方，水素イオンは原子核（プロトン）だけからなるイオンであり，水素イオンの 1s 軌道は電子をもたない空軌道である。だからその空軌道に窒素の非共有電子対を受け取ることができ，それを共有して結合を形成する。このように一方的に電子対を供与されてできた化学結合は配位結合（coordinate bond）と呼ばれる。一度結合してしまえば，他の窒素 - 水素の共有結合とは変わりはなく，区別がつかないから，共有結合の一種とみなされる。また，正電荷も特

$$
\begin{array}{c}
\text{H} \\
\text{..} \\
\text{H:N:} \\
\text{..} \\
\text{H}
\end{array}
\quad + \quad \text{H}^+ \quad \rightarrow \quad
\left(
\begin{array}{c}
\text{H} \\
\text{..} \\
\text{H:N:H} \\
\text{..} \\
\text{H}
\end{array}
\right)^+
$$

sp³混成軌道　　　　1s（空軌道）　　　　sp³混成軌道

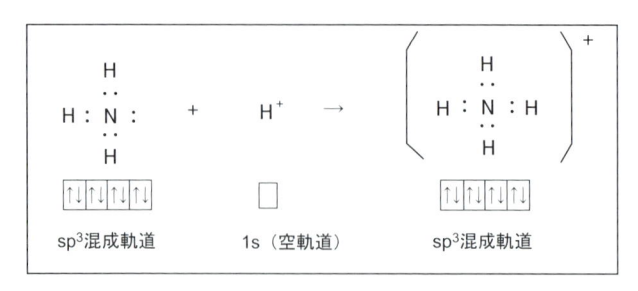

図 2-12　アンモニウムイオンにおける配位結合生成

定の原子に固定されない。

　水分子も非共有電子対をもっており，アンモニアと同様に水素イオンに電子対を供与してオキソニウムイオン H_3O^+ を形成する。非共有電子対をもった分子やイオン，そして無機・有機化合物は多数あり，金属との結合には重要な役割を果たして配位化合物（coordinate compound）を形成する。

2-2-4　金属結合

　金属原子のイオン化エネルギーは比較的小さく，価電子は原子核にそれほど束縛されていない。このような価電子をもつ金属原子が多数結合する時，価電子は特定の原子間に固定・束縛されるのではなく，多数の原子間を自由に動き回り，すべての金属原子に共有される。この電子を自由電子（free electron）といい，自由電子をちょうど接着剤のごとく媒介した結合を金属結合という。

　この自由電子からなる結合は方向性がなく，金属の展性，延性，可塑性に富むこと，そして電気及び熱の良導体であることの金属特性の原因となっている。

2-3　分子間の引き合う力（相互作用）

2-3-1　水素結合

　水素原子は不対電子を1個もち，不対電子をもつ多くの元素と共有結合を形成する。また，不対電子を失った水素イオンは1s軌道を利用し，非共有電子対をもった原子とも配位結合する。この水素原子の電気陰性度（1章）は比較的小さく，結合する相手原子が電気陰性度の大きな酸素（H_2O，$-OH$），窒素（NH_3），そしてフッ素（HF）である時，共有電子対はより酸素，窒素，そしてフッ素原子に強く引きつけられる。その結果，結合に電荷の偏りが生じる。このことを，結合に極性（polar）がある，あるいは分極（polarization）したという。

　水分子の場合には，酸素原子の電子密度が少し大きくなって負に帯電し，水素原子はいくぶん正に帯電している。それぞれのいくぶんかの偏った帯電を記号 δ－ と δ＋ で記す。

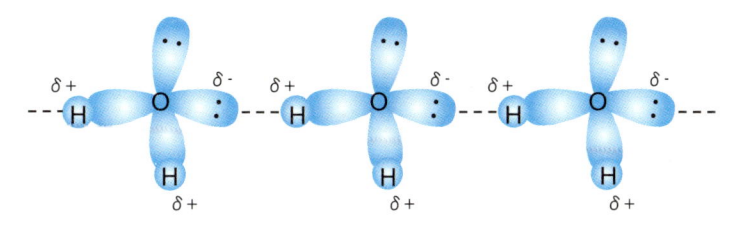

図 2-13 水分子間の水素結合

　水分子の間では，δ－とδ＋が静電的に引き合い，結局水素を橋渡しにして，図 2-13 のように結合ができる。このような結合を水素結合（hydrogen bond）という。
　一般に，水素結合は静電気的な引力による弱い結合である。水素結合のエネルギーは数 kJ/mol〜数十 kJ/mol であり，O－H 結合エネルギーの 463 kJ/mol のような数百 kJ/mol 程度の共有結合に比べてかなり小さいが，物質の性質に大きな影響を与える。水が分子量の割には異常に高い融点と沸点を示すのはこの水素結合が原因である。アンモニア，フッ化水素，アルコールなどにも水素結合が生じる。

2-3-2　双極子相互作用

　V 型構造をしている水分子では，2 つの O－H 結合の極性が打ち消し合わず，分子全体として極性をもつ。極性をもつ分子を極性分子（polar molecule）または，双極子（dipole）という。
　アセトンでは水素結合性のある水素原子をもたないが，カルボニル基に極性があるため分子全体は双極子となる。双極子間やイオン - 双極子間の引き合う関係は図 2-15 のようになる。これらの相互作用は物質が溶ける現象において重要な役割を演じる。
　一方，直線分子である二酸化炭素（CO_2）では，C∷O 結合には極性があるが，分子全

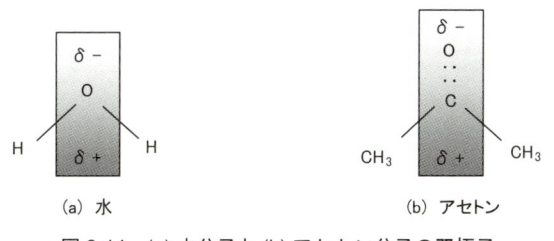

(a) 水　　(b) アセトン

図 2-14　(a) 水分子と (b) アセトン分子の双極子

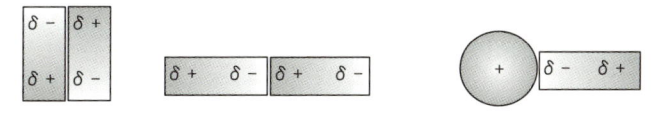

(a) 双極子–双極子　　(b) イオン–双極子

図 2-15　(a) 双極子 - 双極子及び (b) イオン–双極子相互作用

$$\delta- \quad \delta+ \quad \delta-$$
$$O::C::O$$

図 2-16　二酸化炭素の無極性

体としては 2 つの C :: O 結合の極性の向きが反対となって打ち消し合い，極性をもたない（図 2-16）。このような分子を無極性分子（nonpolar molecule）という。

2-3-3　ファンデルワールス力

等核 2 原子分子の窒素や対称性のよい二酸化炭素分子は極性をもたない。しかし，1 気圧のもとで，常温で気体の窒素は -195.8 ℃で液体となり，そして二酸化炭素は -78.50 ℃で固体となる。それぞれ分子間の引力で液体と固体になるのである。このように無極性分子においても働く分子間の引力をファンデルワールス力（van der Waals force）といい，分散力（dispersion force）ともいう。この力の原因は次のように説明される。

無極性分子において，電子の運動に伴って分子の周りの電子分布が時間とともに変化し，電子の電荷分布に時間的ゆらぎが生じるので（図 2-17），瞬間ごとに双極子が誘起される。このような一時的に誘起される双極子を誘起双極子（induced dipole）という。この誘起双極子は隣の分子にも双極子を誘起して，その結果，分子間に弱い引力が働くことになる。無極性分子がイオンや極性分子に接触すれば，より強く双極子は誘起される。

このファンデルワールス力による相互作用は水素結合よりもはるかに弱いが，二酸化炭素やナフタレンのように，分子が凝集してできる分子性結晶（molecular crystal）の分子間力として重要である。

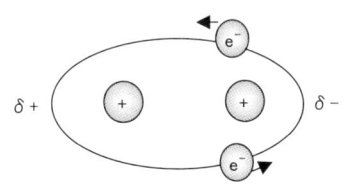

図 2-17　無極性分子内の電子密度の不均一性（電荷分布の偏り）

2章 原子と原子はどのように結合するか

【章末問題】

1. 窒素分子（N_2）の結合を，図2-5の酸素分子結合にならって説明せよ。
2. 18族元素は2原子分子を形成しない。その理由を述べよ。
3. 硫酸イオンSO_4^{2-}はSを中心とした正四面体構造をなしている。sp^3混成軌道を用いて，説明せよ。
4. 配位結合を形成する非共有電子対をもった分子，およびイオンをあげよ。
5. 有機溶媒のアセトンが水に溶けるかどうか，推察せよ。

3 濃度と pH

濃度は化学物質が溶液にどれだけ含まれているかを表す大切な指標である。水溶液の酸性および塩基性は水素イオン濃度かあるいは pH を用いる。これらの計算は化学実験で最初に必要となるものである。

3-1 濃度

食塩水について考えると，溶液に含まれている成分，食塩は溶質 (solute)，これを溶かす水は溶媒 (solvent) と呼ばれる。溶液中の溶質の割合を濃度 (concentration) という。以下に，使用頻度の高い質量パーセント濃度とモル濃度について説明する。

$$NaCl \longrightarrow Na^+ + Cl^-$$
　溶質　　　　　水溶液

3-1-1 質量パーセント濃度

溶液 100 g 中に含まれる溶質の質量で示す。

質量パーセント濃度＝溶質の質量 (g) ／ 溶液の質量 (g) × 100 （％）　　　　　(3-1)

この濃度表示は日常生活でも使用されている。

例題1　NaOH 10 g と水 90 g とを混合して，NaOH 水溶液をつくった。このときの質量パーセント濃度はいくらか。

解）

NaOH の質量パーセント濃度 ＝ 10 ／ (90 + 10) × 100 ＝ 10％

NaOH 10 g と水 90 g を混合したので，NaOH 水溶液の質量は 100 g となる。

例題2　15％質量パーセント濃度の NaCl 水溶液を 200 g つくりたい。何 g の NaCl が必要か。

解）

$(x/200) \times 100 = 15$　　　$x = 30$

よって，30 g の NaCl と 170 g の水で溶解すればよい。

3-1-2 ppm, ppb, ppt

いずれも希薄な溶液に用いられる単位であり，ppm（parts per million）は 100 万分率を表し，試料 1 mg が 1 kg の溶媒に含まれている濃度が 1 ppm である。ppb (parts per billion) は 10 億分率を表し，試料 1 μg (10^{-6} g) が 1 kg の溶媒に含まれる濃度が 1 ppb である。同様に，ppt (parts per trillion) は兆分率である。1 ppt は試料 1 ng (10^{-9} g) が 1 kg の溶媒に含まれる濃度である。

例題3 100 ml の水に鉄が 2.0×10^{-9} g 溶けている時，鉄の濃度を ppt 単位で求めよ。

解)
水 1 kg 中の鉄の質量は 2.0×10^{-8} g である。したがって，$2.0 \times 10^{-8}/10^{-9} = 20$ ppt となる。

3-1-3 モル濃度

日常生活では物質の量を表すのに質量が用いられるが，化学の世界では 1 章で取り扱ったアボガドロ定数（6.02×10^{23} / mol）の集まりで考えることが多く，モル（mol）という単位が使われている。そのため濃度でも次式のモル濃度が用いられる。

$$\text{モル濃度}(\text{mol dm}^{-3}) = \text{溶質の物質量(mol)} / \text{溶液の体積}(\text{dm}^3)$$
$$= (W(\text{質量})/MW(\text{分子量})) / V(\text{体積}) \quad (3-2)$$

すなわち，モル濃度は溶液 1 リットル (1 L = 1 dm^3) に溶けている溶質の物質量を表わし，正式には mol dm^{-3} という単位が推奨されている。しかし，一度 1 M = 1 mol dm^{-3} であることを述べれば M（モラー）を使用してよいので，以後 M を使用する。

NaCl は Na$^+$ と Cl$^-$ とが交互に結合して結晶をつくっている（イオン結合）。

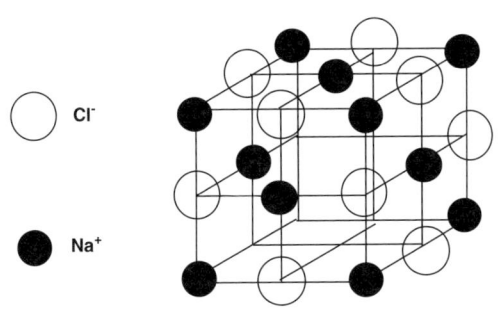

図 3-1 NaCl の結晶

図 3-1 のように Na^+ と Cl^- とが広がっていて，単一の分子を取り出すことができない。

いま，Na^+ と Cl^- の 1 つの単位を切り取ったと考え，これを 1 つの分子のように考えると，NaCl の分子量は，Na = 22.99，Cl = 35.45 なので，NaCl = 58.44 となる。NaCl の 1M 溶液は，溶液 1L 中に NaCl が 58.44 g 溶けている溶液である。

$$NaCl \text{ の } 1\text{ M 溶液} = NaCl\ 1\text{ mol ／溶液の体積 1 L} \qquad (3-3)$$
$$= NaCl\ 58.44\text{ g ／溶液の体積 1 L}$$

例題4 HCl 3.2 g を水で溶解して全量を 500 mL とした。この水溶液のモル濃度を求めよ。

解）

HCl の 1 モル = H + Cl = 1 + 35.45 = 36.45 g

HCl 3.2 g は何モルか　3.2 ／ 36.45 = 0.0876 mol

HCl のモル濃度 =（3.2 ／ 36.45）／ 0.5 = 0.175 M となる。

例題5 NaOH の 1M 水溶液の調製法を述べよ。

解）

NaOH の分子量 = Na + O + H = 22.99 + 16.00 + 1.01 = 40.00

40.00 g の NaOH を水に溶解して全量を 1L にすればよい。

例題6 質量パーセント濃度 2% の NaOH 水溶液のモル濃度を計算せよ。

解）

この水溶液 100 g には，2 g の NaOH が含まれている。これを水溶液 1000 g に直す（換算）と，20 g の NaOH が含まれていることになる。

NaOH 20 g はモルに換算すると　20 ／ 40 = 0.5 モル

2% の NaOH 水溶液 1000 g は 1 L と同じと考えてよい。

よって，2% NaOH 水溶液のモル濃度 = 0.5 ／ 1 = 0.5 M

3-2　水素イオン濃度と pH

すっぱいあるいは苦いという味覚はそれぞれ酸あるいは塩基に起因するものであり，それらは水素イオンあるいは水酸化物イオン濃度と関係している。これらの濃度は溶液の性質を決める重要な数値であるが，通常非常に小さな値である。そのため水素イオン濃度については対数表示の pH を用いる。

3-2-1 酸と塩基

酸と塩基はいくつかの定義があるが，包括する概念の広さが異なる。

(1) アレニウスの定義

酸　　水溶液中で電離して，水素イオン (H^+) を放出する物質

$$HCl \longrightarrow H^+ + Cl^-$$

塩　基　水溶液中で電離して，水酸化物イオンを放出する物質

$$NaOH \longrightarrow Na^+ + OH^-$$

アレニウス (S. A. Arrhenius) により 1886 年に提案されたものである。

(2) ブレンステッド－ローリーの定義

酸　　H^+ を放出する物質

$$NH_4^+ \longrightarrow NH_3 + H^+$$

$$HCl \rightleftarrows H^+ + Cl^-$$

塩　基　H^+ を受けとる物質

$$NH_3 + H^+ \longrightarrow NH_4^+$$

ブレンステッド (J. N. Brønsted) とローリー (T. M. Lowry) により 1923 年に個別に提案された酸，塩基の定義である。

H_2O についてみると，塩酸から H^+ を受け取っているので塩基として働いている。一方，NH_3 に対して H^+ を放出している。このように H_2O は酸としてあるいは塩基として働いているが，両者の相対的な酸の強さによって決まるものである。

$$\underset{酸}{HCl} + \underset{塩基}{H_2O} \longrightarrow H_3O^+ + Cl^-$$

放出された H^+ は H_2O と結合して H_3O^+ オキソニウムイオン（oxonium ion）を生成する。

$$\underset{塩基}{NH_3} + \underset{酸}{H_2O} \longrightarrow NH_4^+ + OH^-$$

(3) ルイスの定義

酸　　電子対を受け入れる物質

塩　基　電子対を与える物質

$$\underset{酸}{BF_3} + \underset{塩基}{:NH_3} \longrightarrow \underset{配位化合物}{BF_3^- - {}^+NH_3}$$

$$\underset{酸}{Cu^{2+}} + \underset{塩基}{4:NH_3} \longrightarrow [Cu(NH_3)_4]^{2+}$$

ルイス (G. N. Lewis) がブレンステッド－ローリーと同じ年に発表した定義である。三

フッ化ホウ素とアンモニアの反応では，三フッ化ホウ素のホウ素はアンモニア窒素上の非共有電子対を受け入れている。したがって，三フッ化ホウ素は酸であり，アンモニアは塩基となる。同様に，銅イオンはアンモニアの電子対を受け入れているので酸である。ルイス定義に従って，種々の反応をみると酸，塩基反応で解釈できる場合が多い。

3-2-2 水の電離

水はわずかに電離して H^+ と OH^- を生成する。

$$H_2O \longrightarrow H^+ + OH^-$$

水素イオン濃度を $[H^+]$，水酸化物イオン濃度を $[OH^-]$ とすると，純粋な水では

$$[H^+] = [OH^-] = 1 \times 10^{-7} M$$

である。水溶液は溶質の種類，濃度によって $[H^+]$，$[OH^-]$ は変化するが $[H^+]$ と $[OH^-]$ の積は一定に保たれる。

$$[H^+] \times [OH^-] = 10^{-14} \, (M) = K_w \tag{3-4}$$

この K_w を水のイオン積という。

酸性，中性，塩基性溶液の $[H^+]$ と $[OH^-]$ は以下のとおりである。

酸性溶液では　　$[H^+] > 10^{-7} M$，$[OH^-] < 10^{-7} M$

中性溶液では　　$[H^+] = 10^{-7} M$，$[OH^-] = 10^{-7} M$

塩基性溶液では　$[H^+] < 10^{-7} M$，$[OH^-] > 10^{-7} M$

3-2-3 酸と塩基の強さ

酸や塩基を水に溶かすと，電離してイオンを生じる。しかし，溶かした酸や塩基の全部が電離するとは限らない。電離の程度を表す指標として，溶かした酸や塩基の量に対する電離した量の割合である電離度を用いる。

$$電離度 = 電離した物質の量 / 溶けた物質の全量 \tag{3-5}$$

電離度は物質の種類，濃度，温度によって変わる。

0.1 M	HNO_3 : $HNO_3 \longrightarrow H^+ + NO_3^-$	電離度 0.92
〃	HCl : HCl $\longrightarrow H^+ + Cl^-$	0.91
〃	NaOH : NaOH $\longrightarrow Na^+ + OH^-$	0.84
〃	KOH : KOH $\longrightarrow K^+ + OH^-$	0.89
〃	HOAc : HOAc $\longrightarrow H^+ + AcO^-$	0.013

酸の HNO_3 や HCl は同じモル濃度の HOAc に比べて電離度が大きく，ほぼ完全に電離している。そのため酸と同じ濃度の H^+ を出す強酸である。同様に，塩基の NaOH や KOH は同じモル濃度の NH_3 水に比べて電離度が大きい強塩基である。このように，酸・

塩基の強弱は，H^+ や OH^- をどれだけ多く出すかによって決定される。同じ 0.1 M の酸あるいは塩基でも以下のように $[H^+]$, $[OH^-]$ の濃度は異なる。

$\quad\quad$ 0.1 M の HCl 中の $[H^+]$ $\quad\quad$ $0.1 \times 0.94 = 0.094$ M
$\quad\quad\quad$ 〃 $\quad$ HOAc 中の $[H^+]$ $\quad\quad$ $0.1 \times 0.013 = 0.0013$ M
$\quad\quad$ 0.1 M の NaOH 中の $[OH^-]$ $\quad\quad$ $0.1 \times 0.84 = 0.084$ M
$\quad\quad\quad$ 〃 $\quad$ NH_3 中の $[OH^-]$ $\quad\quad$ $0.1 \times 0.013 = 0.0013$ M

なお，弱酸である HOAc を 0.1 M，0.01 M，0.001 M，0.0001 M と希釈すると電離度は 0.013，0.043，0.15，0.75 と著しく増加する。

3-2-4 解離定数

酸の解離を平衡定数を用いると以下のようになる。

$$CH_3COOH \longrightarrow H^+ + CH_3COO^-$$

$$K_a = [H^+][CH_3COO^-] / [CH_3COOH] \tag{3-6}$$

ここで，K_a は酸の解離定数（dissociation constant of acid）あるいは酸の電離の平衡定数といい，温度が一定である限り定数である。一般的には

$$HA \rightleftarrows H^+ + A^-$$

$$K_a = [H^+][A^-] / [HA] \tag{3-7}$$

塩基については

$$NH_3 + H_2O \rightleftarrows NH_4^+ + OH^-$$

$$K = [NH_4^+][OH^-] / [NH_3][H_2O] \tag{3-8}$$

ここで，分母の $[H_2O]$ は定数なので平衡定数に含めないことにする。

$$K_b = [NH_4^+][OH^-] / [NH_3] \tag{3-9}$$

K_b は塩基の電離の平衡定数で塩基の解離定数（dissociation constant of base）という。

K_a あるいは K_b の意味することは，それらの数値が大きいほど解離しやすいことを表し，より強酸あるいは強塩基であることになる。

K_a と K_b にはどのような関係があるのだろう。NH_3 を例に考える。

$$NH_3 + H_2O \rightleftarrows NH_4^+ + OH^-$$

$$NH_4^+ \rightleftarrows NH_3 + H^+$$

それぞれの解離定数は次式のとおりである。

$$K_b = [NH_4^+][OH^-] / [NH_3]$$

$$K_a = [NH_3][H^+] / [NH_4^+]$$

K_a と K_b の積については

$$K_a \times K_b = [NH_3][H^+][NH_4^+][OH^-] / [NH_4^+][NH_3]$$

$$= [OH^-][H^+] = K_w \tag{3-10}$$

2価あるいは3価の酸, 塩基についても同様の平衡定数を用いて表せる。

一般的な2価の酸あるいは塩基を H_2A や $B(OH)_2$ とすれば次のように2段に解離する。

$$H_2A \rightleftarrows H^+ + HA^-$$

$$K_1 = [H^+][HA^-] / [H_2A]$$

$$HA^- \rightleftarrows H^+ + A^{2-}$$

$$K_2 = [H^+][A^{2-}] / [HA^-]$$

K_1, K_2 は第1および第2解離定数である。

$$B(OH)_2 \rightleftarrows B(OH)^+ + OH^-$$

$$K_1 = [B(OH)^+][OH^-] / [B(OH)_2]$$

$$B(OH)^+ \rightleftarrows B^{2+} + OH^-$$

$$K_2 = [B^{2+}][OH^-] / [B(OH)^+]$$

3価の酸としてリン酸 H_3PO_4 を例に示す。以下のように3段に解離し, 各段階の解離定数を K_1, K_2, K_3 とする。

$$H_3PO_4 \rightleftarrows H^+ + H_2PO_4^- \qquad K_1 = 7.5 \times 10^{-3}$$

$$H_2PO_4^- \rightleftarrows H^+ + HPO_4^{2-} \qquad K_2 = 6.2 \times 10^{-8}$$

$$HPO_4^{2-} \rightleftarrows H^+ + PO_4^{3-} \qquad K_3 = 10^{-12}$$

3-2-5 pH と pOH

(1) pH

水溶液の酸性や塩基性を示すのに $[H^+]$ を用いると 10^{-8} M, 10^{-3} M というように極めて小さい値となるので, 次式の pH という対数を利用する。

定義: $\mathrm{pH} = \log(1/[H^+]) = -\log[H^+]$ \qquad (3-11)

$10^{-8} = 0.00000001$ については pH 8 と簡単で身近な数字で表せる。水素イオン濃度が $10^{-14} \sim 10^0$ まで変化しても pH の値は 14 から 0 になるだけである。

中性の時は $[H^+] = 10^{-7}$ M であり, この時以下のように pH = 7 となる。

$$\mathrm{pH} = \log(1/10^{-7}) = -\log 10^{-7} = -(-7) = 7$$

したがって, 酸性では pH < 7, 塩基性では pH > 7 となる。

例題7 HCl が完全に電離しているとして, 0.01 M HCl の pH と水酸化物イオンの濃度を求めよ。

解)

HCl が完全に電離しているので $[H^+] = 0.01$ M

$[H^+] = 0.01$ M $= 10^{-2}$ M

$\mathrm{pH} = -\log 10^{-2} = -(-2) = 2$ となる。

水酸化物イオンの濃度は

　　　水のイオン積　　$[H^+][OH^-] = K_w = 10^{-14}$ より

　　　$[OH^-] = K_w / [H^+] = 10^{-14} / 10^{-2} = 10^{-12}$ M となる。

例題8　0.1 M の NaOH 水溶液の pH を計算せよ。

　解）

　　強塩基の NaOH は水溶液で完全に電離しているので

　　　NaOH ⟶ Na$^+$　+　OH$^-$

　　よって $[OH^-] = 0.1$ M $= 10^{-1}$ M

　　　$[H^+][OH^-] = K_w = 10^{-14}$

　　　$[H^+] = 10^{-14} / 10^{-1} = 10^{-13}$

　　　pH $= -\log 10^{-13} = -(-13) = 13$

(2) pOH

pH と同じように，水酸化物イオンの濃度を $[OH^-]$ とすれば，pOH は次のように定義できる。

　　　pOH $= \log 1 / [OH^-] = -\log [OH^-]$　　　　　　　　　　　　　　(3-12)

これを利用すると

　　　$[OH^-] = 10^{-5}$ M の時，pOH $= 5$ となる。

　　　$[OH^-] = 10^{-7}$ M の時

　　　pOH $= \log 1 / 10^{-7} = -\log 10^{-7} = -(-7) = 7$

例題9　HCl の 0.01 M 水溶液の pOH を求めよ。

　解）

　　　HCl ⟶ H$^+$ + Cl$^-$

　　　$[H^+] = 0.01$ M $= 10^{-2}$ M

　　　$[H^+][OH^-] = K_w = 10^{-14}$ より

　　　$[OH^-] = 10^{-14} / 10^{-2} = 10^{-12}$

　　　pOH $= -\log [OH^-] = -\log 10^{-12} = -(-12) = 12$ となる。

(3) pH と pOH のまとめ

　　　pH $= -\log [H^+]$　　　pOH $= -\log [OH^-]$

水のイオン積 Kw は $[H^+]$ と $[OH^-]$ の積である。これは 10^{-14}

$$[H^+][OH^-] = K_w = 10^{-14}$$

この両辺の対数を取りマイナスを付けると

$$(-\log[H^+]) + (-\log[OH^-]) = -\log K_w = -\log 10^{-14}$$

$$\quad\text{pH} \qquad\qquad \text{pOH} \qquad\qquad \text{p}K_w \qquad 14$$

$$\text{pH} + \text{pOH} = \text{p}K_w = 14$$

$$\text{pH} = 14 - \text{pOH}, \qquad \text{pOH} = 14 - \text{pH}$$

【章末問題】

1. NaCl 10 g と水 100 g を混合して NaCl 水溶液をつくった。質量パーセント濃度を求めよ。
2. 30%質量パーセント濃度の NaOH 水溶液を 50 g つくりたい。何 g の NaOH が必要か。
3. 次の各化合物の水溶液のモル濃度を求めよ。
   (1) $KMnO_4$　50.3 g を 5 L の水溶液にした。　$KMnO_4$ = 158.04
   (2) $SnCl_2$　10.5 g を 2.5 L の水溶液にした。　$SnCl_2$ = 189.65
   (3) H_2SO_4　4.7 g を 0.3 L の水溶液にした。　H_2SO_4 = 98.08
   (4) HNO_3　2.8 g を 0.8 L の水溶液にした。　HNO_3 = 63.01
   (5) $Ca(OH)_2$　3.2 g を 0.5 L の水溶液にした。　$Ca(OH)_2$ = 74.09
4. NaOH 10 g を水に溶かして 2 L とした。モル濃度を計算せよ。
5. 海水 1 L 中には，29 g の NaCl が含まれている。海水中の NaCl のモル濃度を求めよ。
6. ブドウ糖（$C_6H_{12}O_6$）の 1 M 水溶液 200 mL 中に，ブドウ糖は何 g 含まれているか。
      $C_6H_{12}O_6$ の MW（Molecular Weight，分子量）= 180.15
7. 0.1 M の酢酸の pH を求めよ。酢酸の電離度を 0.01 とする。
8. 0.1 M の NaOH 水溶液の pOH を計算せよ。

4 酸化と還元

4-1 酸化と還元

　酸塩基反応と同様に酸化と還元もありふれたものであるが，基本的な化学反応である。それはものの燃焼，金属のさびの発生，さらに様々な生命現象の中などでも数多くみられる。酸化，還元の定義には酸素原子あるいは水素原子との結合の変化さらに電子数の変化などがある。

4-1-1 酸化や還元とは何か

　Cu 粉を加熱すると空気中の酸素（O_2）と結合して酸化銅（CuO）ができる。そのため，Cu 粉の赤銅色から，酸化銅の黒色に色が変化する。この時の反応は

$$2\,Cu + O_2 \longrightarrow 2\,CuO$$

この反応式のように，金属の銅が酸化銅 CuO になる。Cu は O と結合する。ある物質が酸素と化合した時，その物質は酸化（oxidation）されたといい，生じた物質は酸化物（oxide）という。次にこの CuO を加熱しながら水素ガス（H_2）を送ると，それまで結合していた酸素原子（O）が失われて元の Cu に戻る。

$$CuO + H_2 \longrightarrow Cu + H_2O$$

ある物質がその酸素を失うことを，その酸化物が還元（reduction）されたという。

　次に，硫化水素（H_2S）を空気と混合して火をつけると，燃焼して硫黄が生成する。H_2S が O と反応したので酸化ではあるが，H_2S は H_2 を失って S になった反応である。

$$2\,H_2S + O_2 \longrightarrow S + 2\,H_2O$$

このように水素を失う反応も酸化反応という。

　逆に，S と H_2O とから H_2S ができる反応は S に水素が結合する S の還元反応である。

$$S + 2\,H_2O \longrightarrow O_2 + 2\,H_2S$$

このように水素原子の結合からも酸化あるいは還元が生じていることがわかる。

　上記の酸化および還元を電子に注目してもう一度考えよう。

$$2\,Cu\,(金属) + O_2\,(分子) \longrightarrow 2\,Cu^{2+}O^{2-}\,(イオン結晶)$$

Cu は 2 個の電子を失い Cu^{2+} になっている。そうすると酸化反応は電子を失う反応とも解釈できる。一方，CuO から Cu が生じる反応では，

$$Cu^{2+}O^{2-} + H_2 \longrightarrow Cu + H_2O$$

Cu^{2+} が Cu になるので電子を 2 個得たことになる。還元反応は電子を得る反応ということができる。このような電子数の変化を酸化還元ととらえる考えは適用範囲の広い概念である。

4-1-2 酸化数

酸化数とは原子に割り当てられる電荷の数を示し，酸化還元を調べるのに便利な指標である。酸化数が増加すると酸化，減少すると還元であることがわかる。以下のような規則がある。

1) 他の元素と結合していない中性原子（単体）の酸化数は 0 である。
2) 酸素化合物の酸素の酸化数は－2 である。（例外，H_2O_2 の酸素は－1）
3) 単原子イオンあるいは多原子イオンがもつ電荷が酸化数そのものとなる。
4) 水素の酸化数は＋1 である。（例外，KH などの水素化金属の H は－1）
5) 中性分子の酸化数の和は 0 である。

この酸化数を用いて上記反応を見直してみよう。

$$2\,Cu + O_2 \longrightarrow 2\,CuO$$

Cu については，Cu(単体)の酸化数 0 から CuO の Cu の酸化数＋2 に変化している。ある物質の酸化数が増加した時，その物質は酸化されたという。同様に，酸素について考えると酸素の 0 から－2 に減少したので還元されたことになる。

$$CuO + H_2 \longrightarrow Cu + H_2O$$

逆の場合は CuO の Cu の＋2 の酸化数が Cu の 0 になった。ある物質の酸化数が減少したとき，その物質は還元されたという。

以上の酸化還元を表 4-1 にまとめる。

表 4-1 酸化還元

	酸素	水素	電子	酸化数
酸化	化合	失う	失う	増加
還元	失う	化合	得る	減少

例題1 次の反応で，酸化された元素と還元された元素を示せ。

① $Zn + 2HCl \longrightarrow ZnCl_2 + H_2$

解） Zn（0→+2）は酸化され，H（+1→0）は還元されている。
（　）内の数字は酸化数の変化を示す。

② $4HCl + MnO_2 \longrightarrow MnCl_2 + 2H_2O + Cl_2$

解） Mn（+4→+2）は還元され，Cl（−1→0）は酸化されている。

③ $Cu + 2H_2SO_4 \longrightarrow CuSO_4 + SO_2 + 2H_2O$

解） Cu（0→+2）は酸化され，S（+6→+4）は還元されている。

④ $Pb^{2+} + Fe \longrightarrow Pb + Fe^{2+}$

解） Pb（+2→0）還元され，Fe（0→+2）酸化されている。

⑤ $2Mg + O_2 \longrightarrow 2MgO$

解） Mg（0→+2）酸化され，O（0→−2）は還元されている。

このように，酸化反応と還元反応は同時に起こる。

4-2　非金属元素の酸化と還元

非金属元素でも酸化還元反応が起こり，その反応の起こりやすさに序列がある。

例えば，KI の水溶液に Cl_2 水を入れると I_2 が遊離して褐色を呈す以下の反応が生じる。

$$2I^- + Cl_2 \longrightarrow I_2 + 2Cl^-$$

ここでヨウ素は I^-（酸化数は−1）から I_2（酸化数は0）になったので酸化されたことになる。一方，塩素では Cl_2（酸化数は0）から Cl^-（酸化数は−1）になったので還元されたことになる。このような実験を行うと元素がイオンになりやすい順序（還元されやすい順序）がわかる。これらハロゲン元素のイオンになりやすい順序は以下の通りである。

$$F > Cl > Br > I$$

したがって，次のような反応は決して起こらない。

$$2Cl^- + Br_2 \longrightarrow 2Br^- + Cl_2$$

4-3　酸化剤と還元剤

4-3-1　酸化剤と還元剤

酸化還元反応において，相手の物質を酸化するものを酸化剤（oxidizing reagent）といい，相手の物質を還元するものを還元剤（reducing reagent）という。酸化剤は電子を相手から奪いやすい物質（相手は電子をとられるので酸化される）であり，一方，還元剤は相手に電子を与えやすい物質（相手は電子をもらうので還元される）である。酸化数に注目す

れば，酸化剤は酸化数を減少しやすいもの（相手は酸化数が増大するので酸化される）還元剤は酸化数を増大しやすいもの（相手は酸化数が減少するので還元される）ということができる。ただし，酸化剤と還元剤の強さは相対的なものである。

例えば，二酸化硫黄（SO_2）の水や硫化水素との反応では

$$SO_2 + 2H_2O \longrightarrow 4H^+ + SO_4^{2-} + 2e^-$$

SO_2 の S は＋4 から＋6 に酸化されている。この場合 SO_2 は還元剤である。

$$SO_2 + 2H_2S \longrightarrow 3S + 2H_2O$$

SO_2 の S は＋4 から 0 へと還元されている。この場合 SO_2 は酸化剤である。

4-3-2　酸化還元の全反応式

還元剤と酸化剤とはどのような反応が起きているのか，全反応を求める方法を説明する。

(1)　シュウ酸と過マンガン酸イオンの反応

還元剤　　$H_2C_2O_4 \longrightarrow 2CO_2 + 2H^+ + 2e^-$　　　　　　　　　　(A)

酸化剤　　$MnO_4^- + 8H^+ + 5e^- \longrightarrow Mn^{2+} + 4H_2O$　　　(B)

関与する電子の数を (A), (B) 式とも同じにする。

(A) × 5 ＋ (B) × 2

$$5H_2C_2O_4 \longrightarrow 10CO_2 + 10H^+ + 10e^-$$

$$2MnO_4^- + 16H^+ + 10e^- \longrightarrow 2Mn^{2+} + 8H_2O$$

全反応式は以下の通りである。

$$2MnO_4^- + 6H^+ + 5H_2C_2O_4 \longrightarrow 2Mn^{2+} + 10CO_2 + 8H_2O$$

(2)　鉄イオン(II)と塩素との反応

還元剤　　$Fe^{2+} \longrightarrow Fe^{3+} + e^-$　　　　　　　(A)

酸化剤　　$Cl_2 + 2e^- \longrightarrow 2Cl^-$　　　　　　(B)

やりとりする電子の数を (A), (B) 式とも同じにする。

(A) × 2 ＋ (B)

$$2Fe^{2+} \longrightarrow 2Fe^{3+} + 2e^-$$

$$Cl_2 + 2e^- \longrightarrow 2Cl^-$$

したがって，全反応は以下の通りになる。

$$2Fe^{2+} + Cl_2 \longrightarrow 2Fe^{3+} + 2Cl^-$$

4-4　イオン化傾向とイオン化列

金属元素は一般に陽イオンになりやすい性質をもっている。この時，金属は 0 価の酸化数から正の荷電をもつので酸化されたことになる。

4章 酸化と還元

$$Na \longrightarrow Na^+ + e^-$$

金属が陽イオンになり易い性質をイオン化傾向という。イオン化傾向は金属によって異なっている。金属 Zn を $CuSO_4$ 溶液につけておくと，Zn の表面に $CuSO_4$ 中の Cu が析出して，次第に赤くなる。また，$CuSO_4$ 溶液の Cu^{2+} の青色はなくなっていく。以下の反応が同時に起きているのである。

$$Zn \longrightarrow Zn^{2+} + 2e^-$$
$$Cu^{2+} + 2e^- \longrightarrow Cu$$

Zn は Zn^{2+} に酸化され，Cu^{2+} は Cu^0 に還元されたことになる。この反応をまとめると，

$$Cu^{2+} + Zn^0 \longrightarrow Zn^{2+} + Cu^0$$

こうした反応が進むことは，Zn の方が Cu よりもイオン化傾向が大きいことを示している。

金属のイオン化傾向の大きい順に並べた序列をイオン化列という。

$$K>Ca>Na>Mg>Al>Zn>Fe>Ni>Sn>Pb>H>Cu>Hg>Ag>Pt>Au$$

このイオン化列から以下の現象が起きるのは明らかである。

1) $AgNO_3$ 水溶液中に Cu 線をつるしておくと，金属 Ag が析出する（銀樹）。

$$2Ag^+ + Cu^0 \longrightarrow 2Ag^0 + Cu^{2+}$$

溶液は Cu^{2+} により青くなる。

2) 酢酸鉛($Pb(CH_3COO)_2$)水溶液中に金属 Zn をつるしておくと，金属 Pb が析出する（鉛樹）。

$$Pb^{2+} + Zn^0 \longrightarrow Zn^{2+} + Pb^0$$

3) $CuSO_4$ 水溶液中に鉄くぎ（Fe）をつるしておくと，金属 Cu が析出する（銅樹）。

$$Cu^{2+} + Fe^0 \longrightarrow Cu^0 + Fe^{2+}$$

先に非金属元素の酸化還元のときに考えたように，ハロゲン元素のイオンになりやすい順は，$F>Cl>Br>I$ であった。これも非金属元素のイオン化傾向といえる。

ハロゲンのイオン化は還元が生じる。

4-5 電極による酸化還元反応

酸化還元反応では，還元剤あるいは酸化剤など他の物質から電子が与えられあるいは奪われる反応が起きている。ある物質を溶解した溶液に電極を入れ，電圧を加えると電子の授受，すなわち酸化還元を行わせることができる。このような電極による酸化還元反応を電気分解（電解）という。

例えば図 4-1 のように $CuCl_2$ 溶液に白金（Pt）の電極を 2 本入れ，電圧をかける。溶液中では，$CuCl_2$ は以下のように電離する。

$$CuCl_2 \rightleftarrows Cu^{2+} + 2Cl^-$$

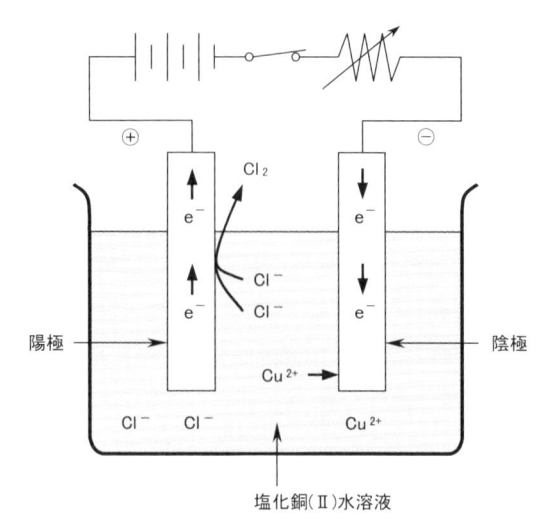

図 4-1 塩化銅 (II) の電気分解

この電離したイオンのうち，Cu^{2+} の陽イオンは陰極に，Cl^- の陰イオンは陽極に引き寄せられる。Cu^{2+} は陰極から e^- を受け取り，Cu^0 となり陰極表面に析出する（還元反応）。

$$Cu^{2+} + 2e^- \longrightarrow Cu^0$$

一方，Cl^- は陽極に e^- を与えて Cl_2 となる（酸化反応）。

$$2Cl^- \longrightarrow Cl_2 + 2e^-$$

電気分解の時，「溶液中の物質が，陰極から受け取る電子の数と陽極に与える電子の数は常に同じでなければならない」という規則がある。陰極では 2 mol の電子を Cu^{2+} が受け取り，陽極では Cl^- が 2 mol の電子を与えている。そして，Cu 1 mol と Cl_2 1 mol が生成している。このように，両極で授受される電子の数，すなわち通じた電気量と両極で変化する物質の量との間には一定の関係がある。それはファラデーの法則（1833 年 Michael Faraday）として以下のようにまとめられている。

① 陰極または陽極で変化するそれぞれの物質の量は，通じた電気量に比例する。
② それぞれの物質 1 グラム当量（1 mol/ 価数）を生成させるに必要な電気量は物質の種類に関係なく一定である。
③ 物質 1 グラム当量を生成させるに必要な電気量を 1 ファラデー（1F）という。

1) $CuCl_2$ の場合

$$Cu^{2+} + 2e^- \longrightarrow Cu^0$$

の反応では，e^- が 2 個反応に関与している。

e^- の 1 個 (1 mol) 当たりでは，$1/2\,Cu^{2+} + e^- \longrightarrow 1/2\,Cu^0$ となる。

Cu 1mol は 63.5 g であるから，e^- の 1 個 (1 mol) すなわち 1F 当たり 63.5/2 = 31.8 g の Cu が析出する。

2) Ag^+ の溶液を電気分解すると

$$Ag^+ + e^- \longrightarrow Ag^0$$

の反応で Ag が析出する。

この場合，e^- の 1 個 (1 mol) で Ag 1 mol が生成するので，Ag 1 mol $= 108$ g が析出する。

3) $CuCl_2$ 溶液の電気分解で Cl^- は

$$2\,Cl^- \longrightarrow 2\,Cl_2 + 2\,e^-$$

の反応で Cl_2 が生成する。この反応では，e^- の 2 個 (2 mol) が反応に関与している。したがって，e^- の 1 mol 当たりの反応は

$$Cl^- \longrightarrow 1/2\,Cl_2 + e^-$$

よって，$Cl_2 = 71.0$ の 1/2　35.5 g の Cl_2 が発生する。

【章末問題】

1. 以下の反応式で酸化された元素と還元された元素を答えよ。

   1) $2\,Ag^+ + Sn^{2+} \longrightarrow 2\,Ag + Sn^{4+}$
   2) $2\,Bi(OH)_3 + 3\,SnO_2^{2-} \longrightarrow 2\,Bi + 3\,SnO_3^{2-} + 3\,H_2O$
   3) $Mn(OH)_2 + 2\,NaOH + Cl_2 \longrightarrow H_2MnO_3 + 2\,NaCl + H_2O$
   4) $MnO(OH)_2 + H_2O_2 + 2\,HNO_3 \longrightarrow Mn(NO_3)_2 + 3\,H_2O + O_2$
   5) $2\,Mn^{2+} + 5\,BiO_3^- + 14\,H^+ \longrightarrow 2\,MnO_4^- + 5\,Bi^{3+} + 7\,H_2O$
   6) $2\,Mn^{2+} + 5\,PbO_2 + 4\,H^+ \longrightarrow 2\,MnO_4^- + 5\,Pb^{2+} + 2\,H_2O$
   7) $2\,Cr^{3+} + 4\,OH^- + 3\,Na_2O_2 \longrightarrow 2\,CrO_4^{2-} + 6\,Na^+ + 2\,H_2O$
   8) $2\,MnO_4^- + 5\,C_2O_4^{2-} + 16\,H^+ \longrightarrow 2\,Mn^{2+} + 10\,CO_2 + 8\,H_2O$
   9) $10\,Fe^{2+} + 2\,MnO_4^- + 16\,H^+ \longrightarrow 10\,Fe^{3+} + 2\,Mn^{2+} + 8\,H_2O$
   10) $I_2 + 2\,S_2O_3^{2-} \longrightarrow 2\,I^- + S_4O_6^{2-}$
   11) $2\,KI + Cl_2 \longrightarrow 2\,KCl + I_2$
   12) $2\,CuSO_4 + 4\,KI \longrightarrow Cu_2I_2 + 2\,K_2SO_4 + I_2$
   13) $H_2O_2 + 2\,KI + H_2SO_4 \longrightarrow I_2 + K_2SO_4 + 2\,H_2O$
   14) $SO_3^{2-} + I_2 + H_2O \longrightarrow SO_4^{2-} + 2\,HI$
   15) $As_2O_3 + 2\,I_2 + 5\,H_2O \longrightarrow 2\,H_3AsO_4 + 4\,HI$

2. 酸化還元の全反応式を求めよ。

   1) 還元剤　$2\,S_2O_3^{2-} \longrightarrow S_4O_6^{2-} + 2\,e^-$　　　　　　　　　　　　(A)

      酸化剤　$I_2 + 2\,e^- \longrightarrow 2\,I^-$　　　　　　　　　　　　　　　　(B)

   2) 酸化剤　$Cr_2O_7^{2-} + 14\,H^+ + 6\,e^- \longrightarrow 2\,Cr^{3+} + 7\,H_2O$　　(A)

      還元剤　$Fe^{2+} \longrightarrow Fe^{3+} + e^-$　　　　　　　　　　　　　　　(B)

3) 還元剤　$HNO_2 + H_2O \longrightarrow NO_3^- + 3H^+ + 2e^-$　(A)

　　酸化剤　$MnO_4^- + 8H^+ + 5e^- \longrightarrow Mn^{2+} + 4H_2O$　(B)

4) 還元剤　$H_2O_2 \longrightarrow O_2 + 2H^+ + 2e^-$　(A)

　　酸化剤　$MnO_4^- + 8H^+ + 5e^- \longrightarrow Mn^{2+} + 4H_2O$　(B)

5) 酸化剤　$ClO_3^- + 6H^+ + 6e^- \longrightarrow Cl^- + 3H_2O$　(A)

　　還元剤　$Fe^{2+} \longrightarrow Fe^{3+} + e^-$　(B)

5 身の回りの有機物　これだけは知っておこう

5-1　有機分子の基礎事項

　ある結合様式で原子同士が結合して有機分子を構成する際，それらの構造と物性にはどのような関連性があるのであろうか。また，それらをどのように評価すればよいのだろうか。本章では，これらの理解を促すために必要な化学的基礎的事項を重点的に解説する。

5-1-1　電気陰性度と有機分子の極性

　第2章で説明したように，周期表は有機分子の物性や反応性を議論する上で極めて有用な「電気陰性度の大きさ」に関する情報を提供する。原子が互いに結合を形成した状態を検証すると，例えば，炭素原子（原子記号 C：Carbon）は水素原子（原子記号 H：hydrogen）に比べてフッ素（原子記号 F：Fluorine）側に位置しており，水素原子よりも電子を引き付ける力が強い。しかしながら，炭素原子と塩素原子（原子記号 Cl：Chlorine）を比較した場合，塩素原子がフッ素原子の近くにあり，逆に炭素原子よりも塩素原子の電子を引き付ける力が強い。このように，炭素原子は隣接位にどの程度電子を引き付ける力を持った原子が結合するかによって，よりプラス性を示したり，よりマイナス性を示したりする。このようなプラス性やマイナス性を極性（polarity）といい，分子内の電子分布に偏りが生じる現象を分極（polarization）と呼ぶ。極性を示すδ＋（デルタ プラスと呼ぶ）やδ－（デルタ マイナスと呼ぶ）は絶対的な量（完全なカチオンやアニオン）を表すものではなく，あくまで電子を引き付ける相対的な強さを示している。各分子には，分子全体の分極の程度を示す分子双極子モーメント（molecular dipole moment）と分子内の特定の結合についての結合双極子モーメント（bond dipole moment）がある。当然，ある分子における分子双極子モーメントは，分子内の結合双極子モーメントの総和となる。代表的な値を図5-1にまとめた。図中に示した通り，負の末端に矢印の先端を書き，正の末端に（＋）を表示して結合の極性を表す。なお，D（デバイ）は双極子モーメントの単位である。

5-1-2　炭素原子による共有結合

　量子力学では，ある瞬間における電子の位置とその運動量を同時に特定すること

化合物名	分子双極子モーメント		結合双極子モーメント	
塩化水素	$\overset{\delta+}{H} \rightleftarrows \overset{\delta-}{Cl}$	$\mu = 1.86D$	$\overset{\delta+}{H} \rightleftarrows \overset{\delta-}{Cl}$	$\mu = 1.86D$
クロロホルム	(構造図)	$\mu = 1.0D$	$C \rightleftarrows H$	$\mu = 0.3D$
			$C \rightleftarrows Cl$	$\mu = 1.56D$
アンモニア	(構造図)	$\mu = 1.5D$	$H \rightleftarrows N$	$\mu = 1.31D$
水	(構造図)	$\mu = 1.9D$	$H \rightleftarrows O$	$\mu = 1.53D$
二酸化炭素	$\overset{..}{\underset{..}{O}} = C = \overset{..}{\underset{..}{O}}$	$\mu = 0$	$C \rightleftarrows O$	$\mu = 2.4D$

図 5-1 双極子モーメントと結合双極子モーメント

は不可能である（W. K. Heisenberg の不確定性原理：uncertainty principle, principle of indeterminism）。そこで，電子の存在する確率の高い部分を濃く塗り，低いところを薄く塗って電子の存在状態を表記する。図 5-2 の表記が雲のように見えることから，電子の存在する領域を電子雲（electron cloud）と呼ぶ。第 2 章で述べたように，共有結合（covalent bond）は，軌道（orbital）及び電子密度（electron density）の重なりが重要である。Hund の法則に従って，炭素原子の 6 個の電子は，最もエネルギー準位の低い 1s 軌道に 2 つの電子，次いで，2s 軌道に 2 つの電子，2p 軌道の $2p_x$, $2p_y$, $2p_z$ の 3 つの軌道のうち 2 つに電

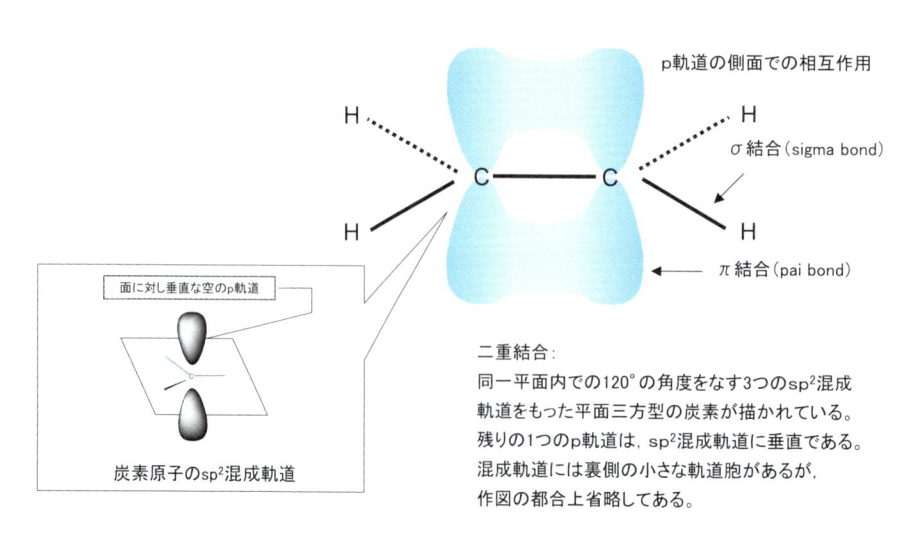

二重結合：
同一平面内での120°の角度をなす3つのsp^2混成軌道をもった平面三方型の炭素が描かれている。残りの1つのp軌道は，sp^2混成軌道に垂直である。混成軌道には裏側の小さな軌道胞があるが，作図の都合上省略してある。

図 5-2 エチレンの構造

子が入る（このことを飽和性があるという，図2-7参照）。

次に，炭素原子が他の原子と結合を形成する場合には混成軌道（hybridized orbital）と呼ばれる新たな軌道を形成する。これらは極めて特徴的な結合の方向性を示す。例えば，1つの炭素原子と4つの水素原子からなるメタン（CH_4）の結合では，炭素原子はsp^3混成軌道により4つの共有結合を作ることが可能であった（第2章参照）。この場合，水素原子の1s軌道と炭素原子のsp^3混成軌道との相互作用によって，結合軸に沿って自由な回転が可能であるσ結合（σ bond）と呼ばれる共有結合を生じることも既に説明した。

では，2つの炭素原子が並んだ共有結合は，どのように形成されるのであろうか。以下に，エタン，エチレン，及びアセチレンの構造を用いて解説する。まず，エタンは炭素原子のsp^3混成軌道同士でσ結合を形成する。残りの炭素の6つのsp^3混成軌道と，6つの水素原子の1s軌道とが，同じくσ結合を形成して分子式C_2H_6なるエタンを形作る。次に，エチレンは，炭素原子のsp^2混成軌道同士でσ結合を形成する。混成にあずからない$2p_z$軌道は他方の$2p_z$'とπ結合（π bond）を生じて二重結合（double bond）を形成する。残りのsp^2混成軌道は水素原子の1s軌道と共有結合を形成してC_2H_4なるエチレンを生じる（図5-2）。アセチレンでも同様に，1つのσ結合と2つのπ結合から三重結合（triple bond）を生じて，残りの2つのsp混成軌道と水素原子の共有結合によりC_2H_2を形成する（図5-3）。

結合によって，炭素原子を中心に電子の共有数をカウントすると，炭素原子の外郭に見かけ上8個（オクテット）の電子配置（electronic configuration）を持つ閉殻配置（closed-shell configuration）となっている。この電子配置は軌道に電子が完全に満たされているために非常に高い安定性を示す。この一般則を，オクテット則（octet rule）と呼ぶ。

有機分子の主な構成原子は，炭素原子と水素原子の他に，酸素原子，窒素原子，硫黄原

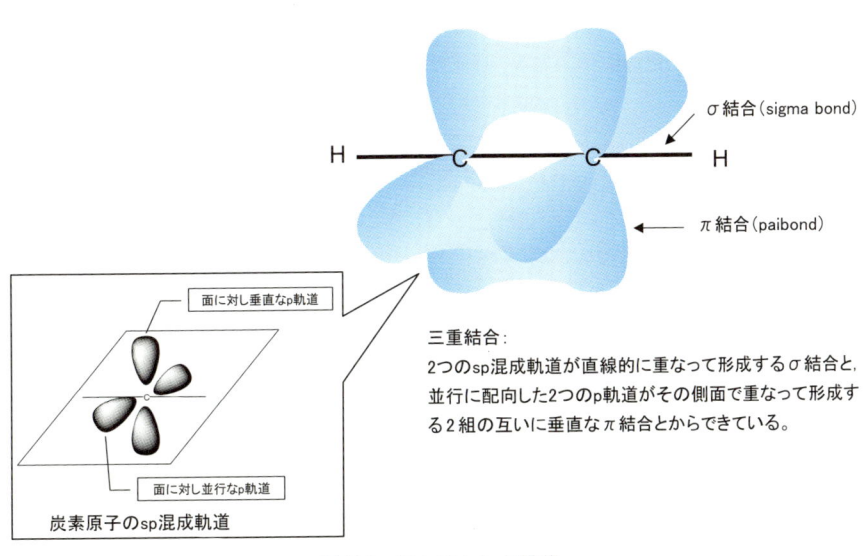

図5-3 アセチレンの構造

子，及びハロゲン等からなるが，要するに，ここで示したような結合様式の下で共有結合を形成する。したがって，上述の結合の方向性と飽和性を示す共有結合は有機分子の立体的な構造を支配する主因となっていることが容易に予想される。有機分子の立体構造については，5-1-5 で詳しく紹介する。

5-1-3 官能基

さて，これまでは有機化学に共通な基本概念を定性的に紹介した。次は，分子を取り巻くさらに複雑な現象を取り扱うために，有機化合物の性質を決定する官能基（functional group）について学ぶ。

国際純正・応用化学会連合（IUPAC）が化合物の命名法を提案している。これを IUPAC 命名法と呼ぶ。これに従うと，有機化合物の名前は，分子内の最長の炭素数を基準にする。表 5-1 に，炭素数，数詞，及び構造をまとめた。

表 5-1　代表的な数詞と直鎖状アルカンの構造

名称	数詞	炭素数	直鎖状アルカン構造式
メタン (methane)	モノ, mono-	1	CH_4
エタン (ethane)	ジ, di-	2	CH_3CH_3
プロパン (propane)	トリ, tri-	3	$CH_3CH_2CH_3$
ブタン (butane)	テトラ, tetra-	4	$CH_3(CH_2)_2CH_3$
ペンタン (pentane)	ペンタ, penta-	5	$CH_3(CH_2)_3CH_3$
ヘキサン (hexane)	ヘキサ, hexa-	6	$CH_3(CH_2)_4CH_3$
ヘプタン (heptane)	ヘプタ, hepta-	7	$CH_3(CH_2)_5CH_3$
オクタン (octane)	オクタ, octa-	8	$CH_3(CH_2)_6CH_3$
ノナン (nonane)	ノナ, nona-	9	$CH_3(CH_2)_7CH_3$
デカン (decane)	デカ, deca-	10	$CH_3(CH_2)_8CH_3$
ウンデカン (undecane)	ウンデカ, undeca-	11	$CH_3(CH_2)_9CH_3$
ドデカン (dodecane)	ドデカ, dodeca-	12	$CH_3(CH_2)_{10}CH_3$

ある原子 A と原子 B をつなぐ一重結合を，A−B（二重結合は A＝B など）で表す。構造式中の頂点及び末端には炭素があることを示しており，それ以外には水素原子が結合している。一例を挙げると，炭素が 5 つ並んだ直線状の構造はペンタンと呼ばれる。しかし，1 つの炭素原子が炭素鎖の途中から‘枝分かれ’していたら，どのように呼べばよいのだろうか。それは，最も長い炭素鎖を主鎖にとり，"枝分かれ" 部分を置換基（substituent）として示す。この場合，最長の炭素鎖はブタンであるから，分岐点に最も近い端からブタンの骨格に番号を割り振ると，2 番目の炭素から‘枝分かれ’しているので, 2-メチルブタンとなる（図 5-4）。

炭素鎖に二重結合を持つものは，二重結合の位置も示して末尾をエン（-ene）とする。例えば，化合物 I は 2-ペンテンと命名する。同様に，三重結合ではイン（-yne）とす

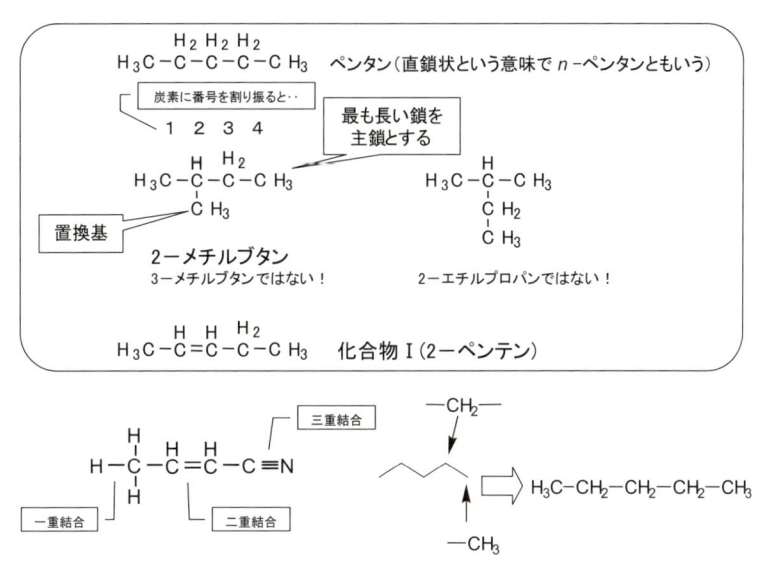

図 5-4 ペンタン，2-メチルブタン，2-ペンテンの構造

る。このようなπ電子を持つ化合物は水素の付加が可能なことから，分類上，不飽和化合物（unsaturated compound）（これに対して，二重結合や三重結合を持たない分子は飽和（saturation）である）という。また，ある化合物の物理的・化学的物性を決定付けるような置換基を官能基と呼ぶ。覚えてほしい官能基を表 5-2 にまとめた。

例えば，図 5-5 に示すように，必須アミノ酸のアラニンは分子内にカルボキシル基とアミノ基を持っている。カルボキシル基は水素イオンを解離してオキソニウムイオンを生じるので，容易にカルボキシラートアニオンとなる。また，アミノ基は非共有電子対を持っ

表 5-2 代表的な官能基

	基	基名	一般名	例
官能基	$-OH$	ヒドロキシル基	アルコール	CH_3OH：メタノール
	$-C=O$	カルボニル基	ケトン	$(CH_3)_2CO$：アセトン
	$H-C=O$	ホルミル基	アルデヒド	CH_3-CHO：アセトアルデヒド
	$HO-C=O$	カルボキシル基	カルボン酸	CH_3COOH：酢酸
	$-NH_2$	アミノ基	アミン	C_6H_5-NH_2：アニリン
	$-NO_2$	ニトロ基	ニトロ化合物	C_6H_5-NO_2：ニトロベンゼン
	$-C\equiv N$	ニトリル基	ニトリル化合物	CH_3-CN：アセトニトリル
	$-Cl$	クロロ基	塩素化物	Cl-$CH_2CH_2CH_3$：1-クロロプロパン
	$-C_6H_5$	フェニル基	芳香族化合物	C_6H_5-C_6H_5：ジフェニル（ビフェニル）

図 5-5　アミノ酸の性質

ていることから，酸性溶液中のオキソニウムイオンから水素イオンを引き抜き，アンモニウムイオンを生成する。このように，アミノ基やカルボキシル基が分子の物性を大きく左右する官能基であることがおわかり頂けると思う。さらに詳しい化合物の命名法については「化合物命名法　日本化学会　化合物命名小委員会」を参考にすることをお奨めする。

5-1-4　芳香属性

前節で共有結合について述べたが，この共有結合の特徴を十分に理解するためには，もう1つ重要な概念を学習しなければならない。それは，共鳴（resonance）現象から引き起こされる芳香属性（aromaticity）である。

図5-6に示すように，便宜上，ベンゼン環の炭素原子に1〜6の番号を割り当てる。紙面で分類可能な1-2，3-4，5-6位間に二重結合を持つベンゼンAと2-3，4-5，6

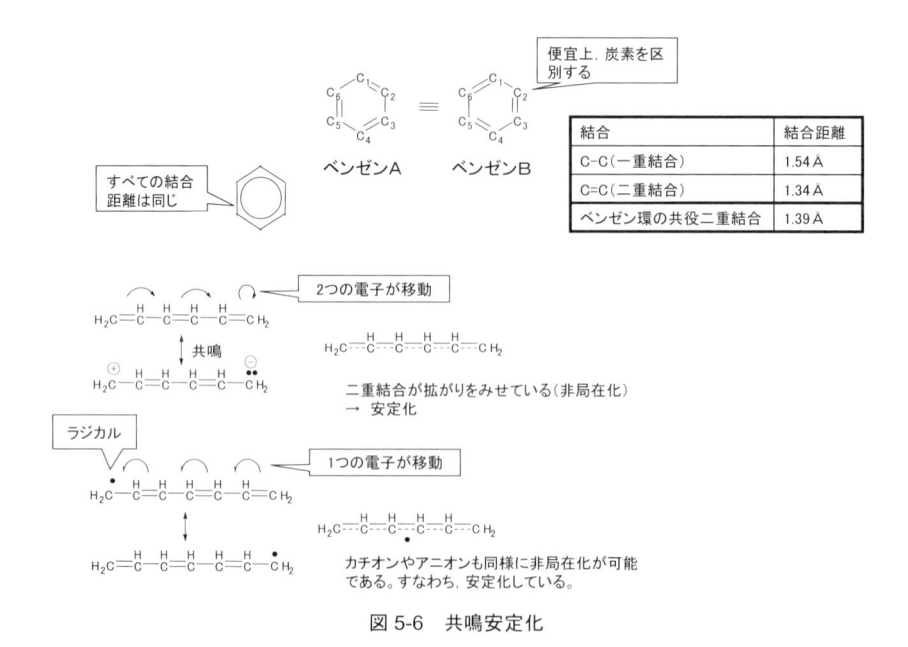

結合	結合距離
C-C（一重結合）	1.54 Å
C=C（二重結合）	1.34 Å
ベンゼン環の共役二重結合	1.39 Å

図 5-6　共鳴安定化

5章 身の回りの有機物，これだけは知っておこう

−1位間に二重結合を持つベンゼンBに違いはあるのだろうか。答えは「同じ」である。すなわち，ベンゼン分子内の炭素−炭素間の距離は，一重結合（1.54 Å）と二重結合（1.34 Å）でみられた炭素原子同士の距離と比較して中間的な値（1.39 Å）を示している。ベンゼン分子は，共鳴現象によって，π電子がp軌道上に広がった状態（非局在化：delocalization）である。非局在化された電子は，局在化された電子よりもエネルギー的に安定となる。例えば，π電子にラジカル（radical）と呼ばれる電子が隣接する場合，あるいは，カチオンやアニオンが隣接する場合にも，図示したようにπ電子は分子全体に広がりをみせており，電子が非局在化することで安定化されていると理解される。このような二重結合と二重結合との間に単結合1つで結ばれている結合を共役二重結合（conjugated double bond）という。

　ベンゼンの芳香属性を定量的に示すデータとして水素化熱（heat of hydrogenation）を例にとり考察する（図5-7）。例えば，水素化熱は"1モルの不飽和化合物を水素化した際に発生する熱量"である。したがって，水素化によって生成する化合物（この場合，シクロヘキサン）が同じである場合，水素化熱としての放出量が多い出発分子は，他方に比べて，高いエネルギー状態にあったことがわかる。一般的に二重結合1モル当たり約28〜30 kcal必要である。そこで，分子内に二重結合を3つ持つ仮想上のシクロヘキサトリエンに水素分子を3モル付加させた場合の水素化熱を，シクロヘキセンの水素化熱の実測値（二重結合に水素分子1モルを付加するために必要な熱量）を基に予想すると，その3倍の85.8 kcalと予想される。しかしながら，ベンゼンに3モルの水素を付加させた実測値は，わずか49.8 kcalとなり，約36 kcalも少なくなる。このように，ベンゼンから放出されるエネルギーが36 kcal少ない事実は，ベンゼンがシクロヘキサトリエンよりも36 kcalだけ安定化していることを意味している。この安定化のエネルギーが共鳴エネルギー

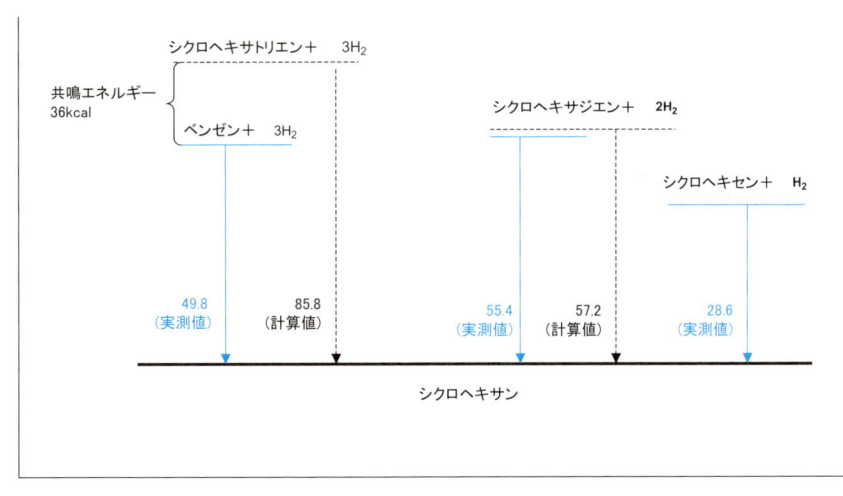

図 5-7　水素化熱と安定性：ベンゼン，シクロヘキサジエンとシクロヘキサン

(resonance energy）と呼ばれる。この議論は燃焼熱（heat of combustion）からも支持される。

以上の共鳴安定化によるエネルギーは，π電子が $4n+2$ 個である環状共役化合物に対して期待できる。これを発見者の名にちなんでヒュッケル則（Hückel rule）と呼ぶ。また，共鳴安定化の結果，ある分子の構造が，2つ以上の共鳴構造（resonance structure，あるいは極限構造ともいう）の重ね合わせによって表されるとき，その分子の構造を共鳴混成体（resonance hybrid）であるという。

5-1-5 有機分子の立体構造

先に，共有結合は方向性と飽和性を示すことを述べた。したがって，有機分子は分子式が同じでも，原子の配列の違いによって異なる化合物（異性体：isomer）を形成する。まず，構造異性体（structural isomer）について説明する。構造異性体とは，同じ分子式を持ちながら異なる構造を持つ化合物のことである。例えば，C_2H_6O で示される構造異性体には，エチルアルコール（CH_3CH_2OH, bp = 78.5℃）とジメチルエーテル（CH_3OCH_3, bp＝ －23.6℃）が考えられる。エチルアルコールは分子内にヒドロキシル基（‐OH）を持つため極性の高い分子である。したがって，水分子のヒドロキシル基との水素結合によって，水とエチルアルコールは無尽蔵に混合される。一方，ジメチルエーテルは分子内にエーテル構造（R‐O‐R）を持ち，非常に対称性がよく，分極率（polarizability）が低いため，水分子と十分な相互作用ができない。結果として水相とエーテル相とに分離することとなる。また，沸点を比較すると，気体になるために必要な運動エネルギーは，分子間の相互作用の小さいジメチルエーテルが圧倒的に低い。

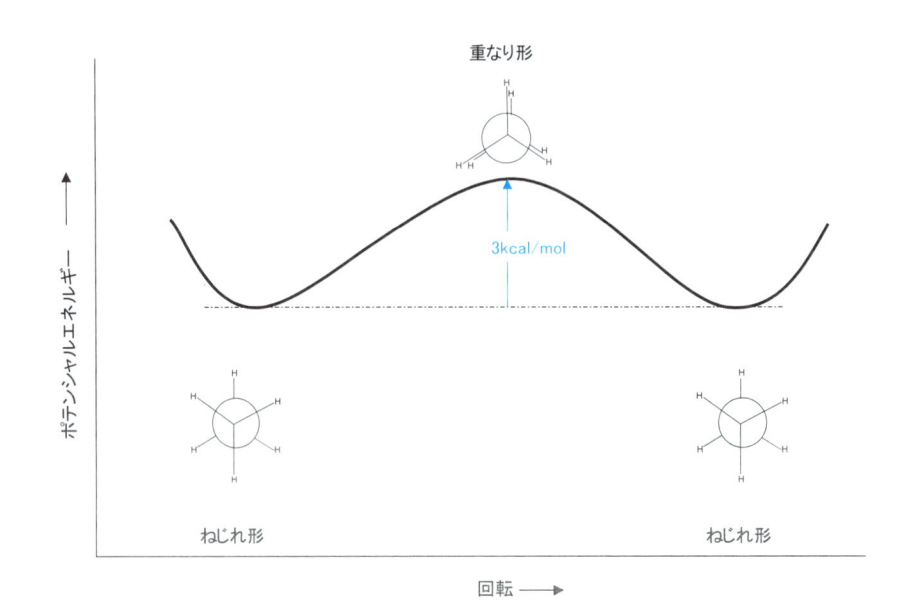

図 5-8 エタンの炭素ー炭素単結合の回転によるポテンシャルエネルギーの変化

5章 身の回りの有機物，これだけは知っておこう

次に，回転異性体（rotational isomer，あるいは rotamer）について述べる。立体的な位置関係を明らかにするためにニューマン投影式（Newman projection formula）を用いた。ニューマン投影式では，まず炭素－炭素結合軸の手前からながめる。次に手前の炭素上にある結合は円の中心までラインを延ばして描き，一方，後方の炭素上の結合は円の縁まで描いたところで止める。エタンの炭素－炭素単結合の回転に要するエネルギーを図 5-8 にまとめた。エタンのねじれ形配座と重なり形配座では，常温では自由に回転しているためにそれらを区別できないが，両者は全く同じ安定性を持っているわけではない。それは，ねじれ形配座では隣接炭素上にある結合電子同士の反発が最小になるように配置されているからである。その結果，重なり形配座に比べて約 3 kcal／mol だけねじれ形配座が安定しており，常温では 99％以上の割合でねじれ形配座が優勢となっている。このように，炭素－炭素結合軸の周りで回転して相互変換できるので回転異性体と呼ぶ。

さらに，6 つの炭素原子と 12 個の水素原子が結合を形成したシクロヘキサンの構造を考える（シクロ（cyclo-）とは環状構造を意味する）。炭素は約 109.5°の結合角を維持し，最も安定な構造をとるように配座を変える。この際に発生する歪みは，結合そのものを切断するエネルギーを持っておらず，図 5-9 のようにチェア形（構造 A）からボート形（構造 B）への配座変化を生じる。このように空間的距離や立体配座（conformation）が変化する異性体を配座異性体（conformer，コンホマー）という。コンホマー B（舟形）と C（ねじれ舟形）は，垂直（アキシャル）方向に伸びた水素原子同士の立体反発のため，チェア形であるコンホマー A が優先的に存在する。ある温度以上では，分子運動が活発になり，チェア形とボート形との双方向変換が活発になる。構造変化や反応とエネルギーに関する

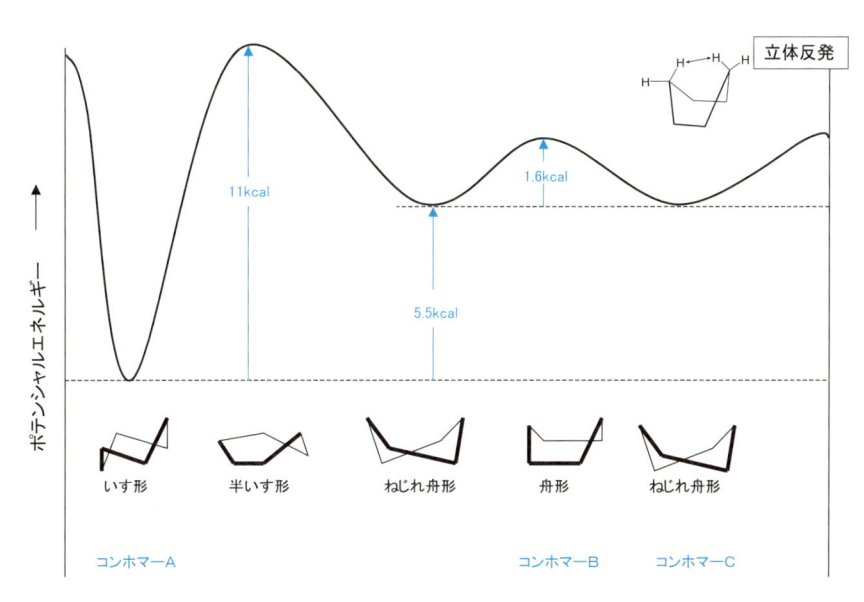

図 5-9　シクロヘキサンのコンホメーションとポテンシャルエネルギーの関係

検討は，第7章にて紹介する。ちなみに，6員環は構造的に最も歪みがないが，さらに小環状になっても大環状化合物になっても，分子内に歪みエネルギー（strain energy）を蓄えることになる。

また，シス - トランス異性（cis-trans isomerism）あるいは幾何異性（geometrical isomerism）と呼ばれる異性が存在する。これは，原子同士の結合の順序は同一であるが，空間的な配置が異なる分子に関する立体異性（stereoisomerism）の一種である。例えば，2-ブテンを考察してみよう。二重結合に対して同じ側にメチル基を有するシス体と，他方，メチル基が二重結合に対して交互に配置したトランス体がある。

最後に，炭素原子の周りに異なる4つの置換基（$R^a \sim R^d$）が結合している場合を考える。図5-10中の太い実線は紙面より手前にあることを意味し，破線は奥にあることを意味する。構造Ⅰは置換基R^aとR^cが入れ代われば構造Ⅱになる。この時，構造Ⅰと構造Ⅱは決して重なることはない。このように右手と左手の関係にある異性体を鏡像異性体（エナンチオマー：enantiomer）と呼ぶ。中心炭素の環境を不斉（キラル）中心（chiral center）といい，その中心炭素を不斉（キラル）炭素（chiral carbon）という。また，不斉炭素に結合する4つの置換基の配列のことを，その中心の立体配置（configuration）という。この立体配置を区別する方法として，R－S表示法がある。R－S表示法とは，不斉炭素に結合した4つの置換基に一定の順位則に従った優先順位をつけ，上位から3番目までの置換基が右回り（R：ラテン語のrectus，右の意）か，あるいは，左回り（S：ラテン語のsinister，左の意）かによって，それぞれR，あるいは，Sと定義する。順位則は次の通りである。

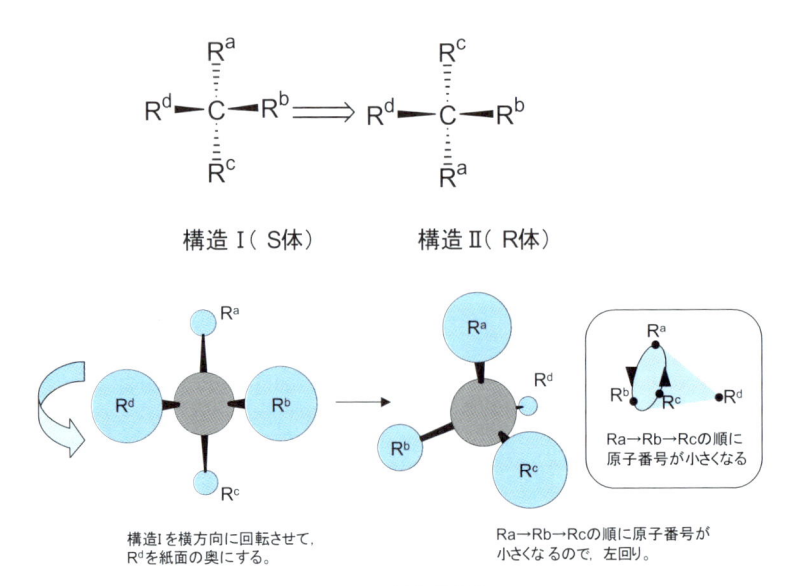

図 5-10 鏡像異性体

5章 身の回りの有機物，これだけは知っておこう

順位則1．不斉中心に直接結合する原子を原子番号の大きなものから高い優先順位をつける。

順位則2．上記則で優先順位が決まらなかった場合，不斉中心からひとつ離れた位置の原子について上記と同じく原子番号による順位則1を適応する。

さて，鏡像異性体は旋光性（optical rotatory power）を示す。スリットを透過させて振動面のそろった光（偏光：polarization）を鏡像異性体に当てると偏光面（plane of polarization）が変化する。これを旋光(rotatory)といい，ねじ曲げられた角度を旋光度(angle of optical rotation)という。一方，鏡像異性体同士が等量混ざり合った物質（ラセミ化合物：racemic compound）では，正反対の偏光が起きて旋光度はゼロになる。このことを光学的に不活性になったという。

5-1-6 分子間の相互作用と物性

これまでは分子内の結合や構造を検討してきたが，ここでは分子間の相互作用を議論する。プロトン性の強い水素原子と電子密度の高い非共有電子対などとは，水素結合（hydrogen bond）を形成する。水分子は，2つの水素原子と1つの酸素原子からなる。酸素原子には2つの非共有電子対が存在しており，その部位は塩基性が高いので溶液中のルイス酸（Lewis acid）を捕捉（トラップ）する能力にたけている。水分子は水素結合によって分子間でチェーンのようにつながっている。このような分子団をクラスター（cluster）と呼ぶ。水の持つ強い表面張力や高い粘性なども図5-11のように水分子の水素結合に由来する。さらに，このような相互作用がDNAなどの高次構造を維持していることは第10

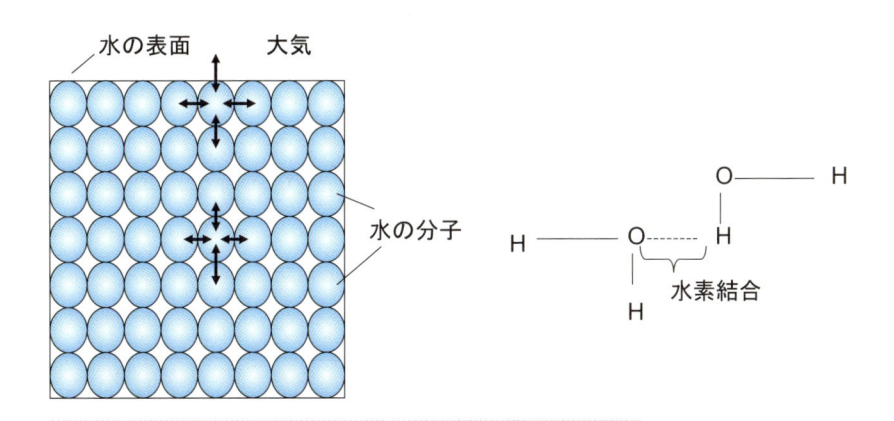

図5-11 水の表面張力

章で詳細に解説する。

　では，ベンゼンのような水素結合が生じ難い分子が水分子と接触していればどのような挙動をとるのだろうか。第2章で述べたように，分子内に電荷を持たない分子であっても電子の分布状態が瞬間的に変動することで非常に弱い静電的な相互作用であるファン・デル・ワールス（van der Waals）力が作用しあう。また，ベンゼン環上の平面（π電子）部分は非常にマイナス性が高くなっている。他方，中心炭素や水素部位は，π電子より電子密度の低い状態，すなわちδ＋を示す。このように，よりプラス性とマイナス性の部位が静電的な相互作用を常に生じている（この場合は，特にC-H/π相互作用：CH/π interactionという）。その他，イオンなどのクーロン引力を生ずる分子と双極子を持つ分子同士の相互作用など，分子間には様々な力学が働いている。したがって，分子の化学的・物理的性質はこれら相互作用の全体的な係わりの結果として現れることとなる。

5-2　物質の単離と同定

　天然に存在する有機分子の多くは混合物として存在している。そこで，混合物からある成分のみを効率よく分離・回収する単離（isolation）操作やその純度を上げるための精製（purification）操作，得られた物質の構造を決定する同定（identification）は，有機化学にとって非常に重要な作業となる。この節では，単離操作によく用いられるクロマトグラフィー（chromatography）について解説し，さらに，分光測定法（spectrometry）による構造決定について概説する。

5-2-1　クロマトグラフィーによる混合成分の単離

　先に有機分子は分子内で分極しており，その分極率は各分子で特有の値を示すことを述べた。この性質を利用すれば，静止した物質である固定相（stationary phase）と流動する移動相（mobile phase）の間での分配（partition）によって決まる移動速度の差に基づいて，各成分に単離できる。この技術をクロマトグラフィーという。以下に，分離技術の基本概念を説明する。

　2つの分離すべき物質（それぞれ溶質AとBとする）がカラム (a) に充填した物質C（固定相）よって分離される過程を考える。組成の均一な溶媒の共存下，ある誘電率を示す固定相Cをカラムに規則正しく配列（充填）する。溶媒はカラムを絶えず流通させているので移動相と呼ばれ，固定相Cの表面への溶質AやBの物質循環を促進させる効果が期待される。カラムを用いる場合，このような移動相を溶離液という。溶離液は送液ポンプ (b) によって一定流速で流され，その時両溶質を試料注部 (c) から注入すると，A及びBは各溶質分子に特有の分極率のため，固定相C上でそれぞれ相互作用を受けて一定時間保持（吸着：adsorption）される。その後，再び溶離液に溶出し流されて溶質A及びBは検

出器 (d) まで溶出する間にカラム内で吸着と脱着を繰り返すが，この保持時間 (retention time) は主として分極率と移動相への溶解度に依存するので，各溶質によってカラム内を溶出する速度が異なる。同一化合物は固定相Cに保持されている時間が同じであるため，ほぼ同一流量（あるいは時間）近辺で単離される。このような手法はカラムを利用しているので，特に，カラムクロマトグラフィー (column chromatography) といわれる。

以上のように，様々な条件でのクロマト技術を組み合わせれば，分離した成分が単一か，あるいは，否かを簡便に判定することが可能となる。高圧分離条件で液体クロマトグラフィーの効率化を図った高速液体クロマトグラフィー (High Performance Liquid Chromatography, HPLC) や，移動相に液体だけではなく気体を用いるガスクロマトグラフィー (Gas Chromatography, GC) がある。また，分離カラムの性能向上を図ったキャピラリーカラムなど多種多様なものが利用されている。その特徴的なものを表5-3にまとめている。

表5-3 LCの一覧

クロマトグラフィー	分配	吸着	イオン交換	ゲル
移動相	液体	液体	液体	液体
固定相	液体	固体（吸着剤）	イオン交換	多孔性粒子
分離機構	固定相液体と移動層への溶解度の差	吸着剤への吸着力の差	イオン交換体に対するイオン交換能の差	多孔性充てん剤の細孔への浸透性の難易

a) この表にあげた種類のほかに塩析，配位子交換，アフィニティー，電解などのクロマトグラフィーもある。
b) 液-液クロマトグラフィー (LLC)
c) 液-固クロマトグラフィー (LSC)

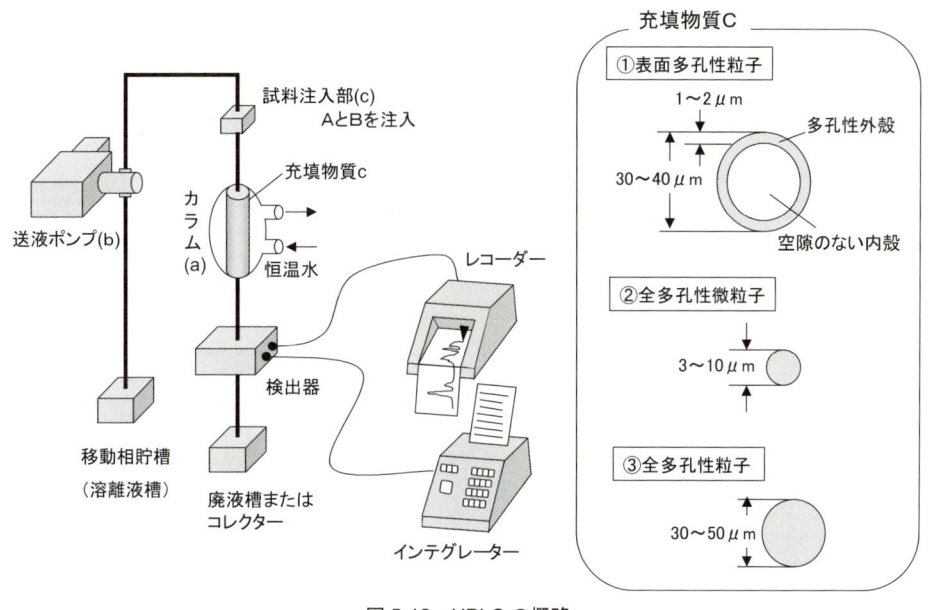

図5-12 HPLCの概略

5-2-2 化合物とスペクトル

次に，単離して得られた各成分の構造は，どのように決定されるのであろうか。それは化合物の持つ固有情報を引き出して，まるでジグソーパズルを組み立てるように行われる。それには，光や磁場のエネルギー，さらには特殊な環境下での質量分析が利用されている。

光は粒子の性質と波の性質を併せ持つ電磁波である（図5-13）。そのエネルギーは振動数（frequency）ν（ニュー）に比例し，波長（wave length）λに反比例する。プランク定数（Planck constant）をh，光の速度をcとすると次の関係式が成立する。

$$E = h\nu = \frac{ch}{\lambda}$$

有機分子は，特定の光エネルギーを吸収したり，吸収したエネルギーを放出したりする。その吸収エネルギー帯や吸収量は分子の電子状態に大きく依存するので，これらを詳細に検討することで，分子の電子状態に関する情報を取り出すことが可能となる。

その原理を理解するためには，まず，光とエネルギー準位の関係について把握する必要がある。分子は基底状態と呼ばれる安定な電子配置を取っているが，ある特定の波長の光を化合物に照射すると励起状態となる。物質と光との相互作用は光の波長によって異なり，主に表5-4に示した部分で起こる。特に，光と物質中の電子との相互作用によって起こす電子遷移を電子スペクトル（electronic spectrum）という。

図5-14に示すように，物質（ここでは一分子を指している）にはσおよびπ軌道に電子が満たされている結合性軌道（bonding orbital），結合に関与していない電子が入っていることもある非結合性軌道（non-bonding orbiatl），さらにエネルギー準位が高く電子の入っていない反結合性軌道（anti-bonding orbital）がある。それぞれをσ，π，n，π^*，σ^*と記す。次に，光吸収に見られる現象は，電子の入っているσ，π，あるいは，n軌道のい

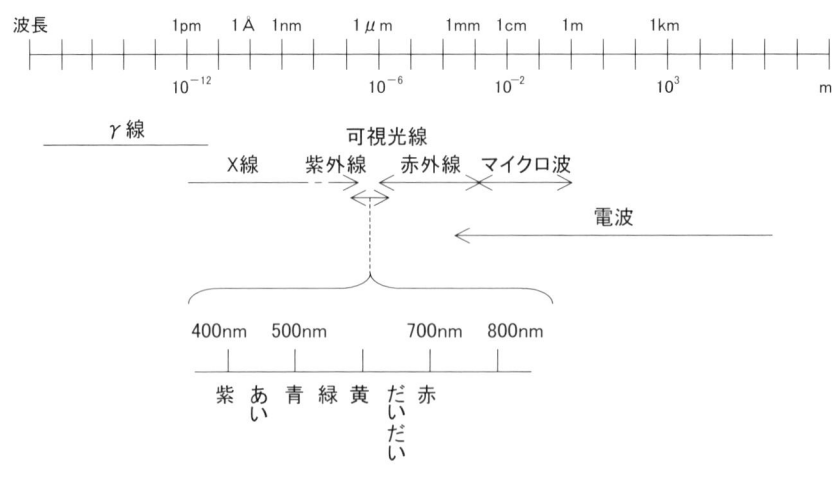

図 5-13 光（電磁波）の種類と可視光線の色と波長

表 5-4 光と対応するエネルギー

X線	K殻, L殻の電子
遠紫外線	M殻, N殻の電子
近紫外線	価電子, σおよびnおよびπ軌道の電子
可視光線	価電子, n軌道および共役したπ軌道の電子
近赤外線及び赤外線	分子の振動準位
遠赤外線	分子の回転および振動準位
マイクロ波	分子の回転準位
ラジオ波	磁場の中に置かれた核スピン

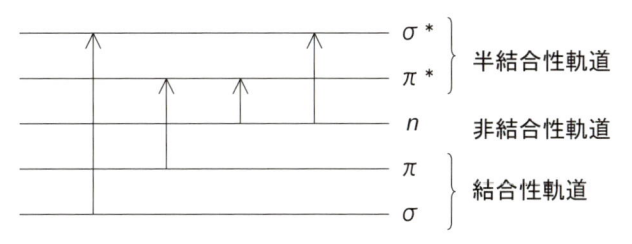

図 5-14 電子遷移の模式図

ずれかの電子と光の相互作用であり，その結果，光エネルギーを吸収した電子は別の空軌道へと遷移する。縦軸はエネルギー準位を示しているので，σ→σ*遷移が最も大きなエネルギーを必要とする。先ほどの図 5-13 を例にとると，紫外部の光によってのみ起こる。これ以上の短波長（例えば，X線など：光エネルギーはさらに強くなる）を照射すると，σ結合が切断されることがある。次いで，π→π*遷移は通常，二重結合を有する分子に見られる光吸収現象である。通常，π電子はσ電子に比べて原子核との結合が弱いので，低いエネルギーで遷移され，かつ，電子遷移確率が高い。遷移の確率を示す単位モルあたりの吸光係数（モル吸光係数：molar absorption coefficient）は，1万以上のものが多いのが特徴である。次に，$n→π*$遷移は，非共有電子対が，π*軌道へ遷移する場合で，ラジカル性吸収体（R－吸収体：radical absorption band）ともいわれ，可視部での吸収となる。例えば，アゾ基（－N＝N－）やニトロ基（NO_2－）などの発色団中の$n→π*$遷移によるところが多い。この場合，モル吸光係数は100程度のものが多く，容易にπ→π*遷移と区別できる。

以上のような光吸収現象を利用する分析法を吸光分光法といい，UVスペクトルなどがその代表である。UVスペクトル法（ultraviolet spectrometry）では，紫外領域の光を溶液中の分子に照射し，透過光の強度や波長を調べることで電子エネルギー準位，特に，共役系の長さなどの情報を得ることが可能となる。このUVの吸収現象は，一重項状態（singlet state）の基底状態（ground state）にある電子が，同じく一重項状態の励起状態（excitaion state）のエネルギー差に対応した光エネルギーを吸収する際に見られる。一般に，対象化合物を比較した場合，最大吸収波長が長波長シフト（レッドシフト，あるいは，深色移動：

bathochromic shift）すると，その物質のπ電子の重なりが広がりを増していることを示す。ちなみに，短波長へのシフト（ブルーシフト）を浅色移動（hypsochromic shift），吸収強度の増大を濃色効果（hyperchromic effect），並びに吸収強度の減少を淡色効果（hypochromic effect）という。次に，吸収したエネルギーが放出される過程を蛍光（fluorescence）という。蛍光過程は吸収したエネルギーを100%蛍光に利用することが難しいため（一部は熱エネルギーなどとして放出される），UVスペクトルよりも全体が長波長シフトする傾向にある。また，吸収エネルギーが一重項状態の励起状態から三重項状態（triplet state）と呼ばれる励起状態へ移動することがあり，この移動を項間交差（intercrossing system）といい，励起三重項状態から一重項基底状態へのエネルギー放出をりん光（phosphorescence）

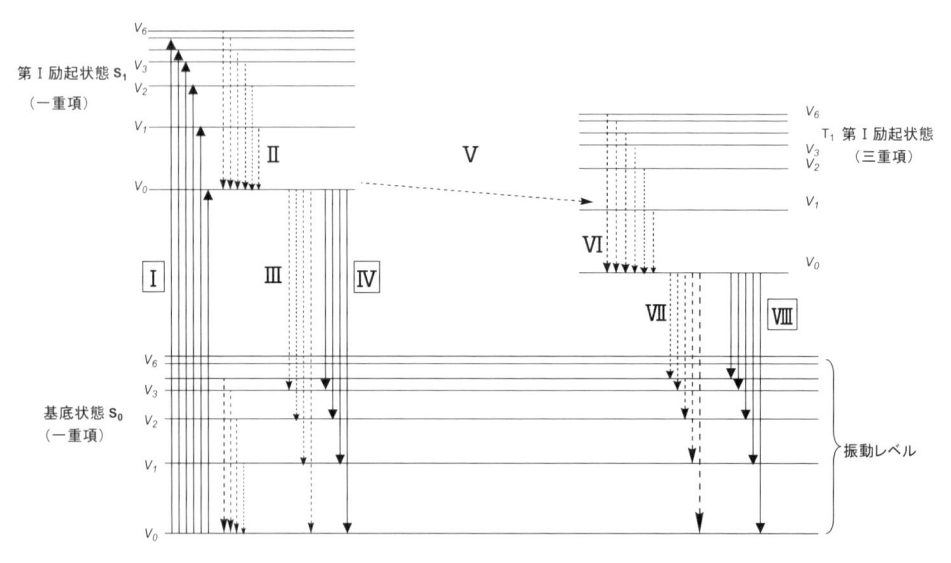

Ⅰ：吸収，Ⅱ：分子構造，Ⅲ：無放射遷移，Ⅳ：蛍光，Ⅴ：項間交差，Ⅵ：分子内緩和，Ⅶ：無放射遷移，Ⅷ：リン光

図5-15　有機化合物の模式的なエネルギー準位と遷過程①

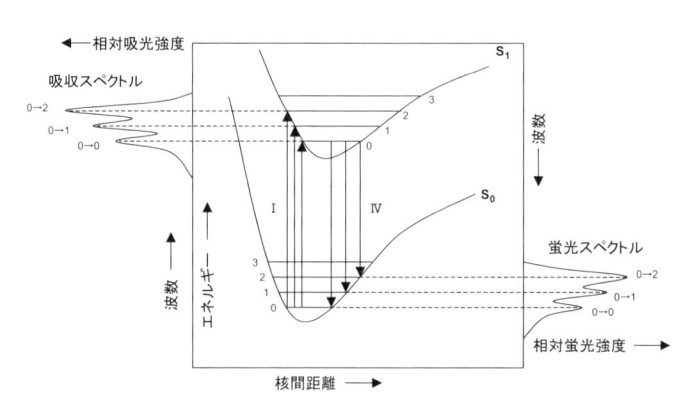

図5-16　基底状態 S_0 と第一励起状態 S_1 の間の電子遷移による吸収スペクトルと蛍光スペクトルの現れ方を示す模式図

5章 身の回りの有機物，これだけは知っておこう

という。

次に，赤外（infrared）領域の光は分子の伸縮，併進，および回転のエネルギーに相当することから，それらを利用することで化合物中の官能基の結合様式に関する情報を得ることが可能となる。このような手法は IR スペクトル法（infrared spectrometry）と呼ばれる。例えば，アセトン（FW. 58.05, mp ＝ － 94℃，CAS[67-64-1]）のケトン構造（R-CO-R）はおよそ 1715cm^{-1}（単位：カイザ）付近に強い吸収を示すが，酢酸エチル（FW. 88.11, mp ＝ － 84℃，CAS[141-78-6]）中のエステル基（R-COO-R）になると，その吸収は約 1742 cm^{-1} と高波数側である。以上のように IR スペクトル法は，官能基を見い出す強力な手法である。

分子内に存在する水素のつながり方は，原子核の核スピンという物理量のエネルギー吸収・放出現象を観測することで容易に知ることができる。この磁場を利用する分析手法を NMR スペクトル法（nuclear magnetic resonance spectrometry）という。核スピン量子数が 1/2 の水素原子核を強い磁場の中に入れると，ランダムであった核スピンは磁場方向とその反対磁場方向にきれいに整列する（ゼーマン分裂：Zeeman splitting という）。外部磁場に対して逆向きのスピンは磁場に逆らっているためわずかながらエネルギーは高くなる。このエネルギー差を $\triangle E$ とすると，$\triangle E$ は外部磁場が大きくなればさらに大きくなる。磁場方向に沿った核スピンに，ラジオ波のエネルギーを短時間照射すれば，エネルギーの低い状態からエネルギーの高い状態へ核スピンの準位が上がる。NMR 測定では，このわずかなスピンの電磁波吸収・放出現象を観察している。この $\triangle E$ は，外部磁場強度が同じであっても観測核の周辺の電子状態に大きく影響を受けるので，分子内の電子状態を推

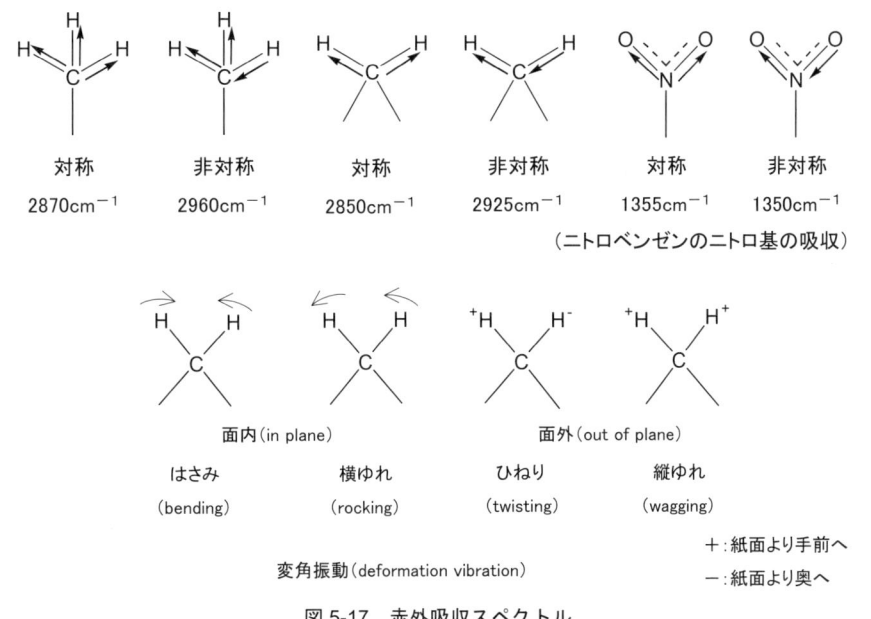

対称	非対称	対称	非対称	対称	非対称
2870cm^{-1}	2960cm^{-1}	2850cm^{-1}	2925cm^{-1}	1355cm^{-1}	1350cm^{-1}

（ニトロベンゼンのニトロ基の吸収）

面内（in plane）　　　　面外（out of plane）

はさみ　　横ゆれ　　ひねり　　縦ゆれ
（bending）（rocking）（twisting）（wagging）

変角振動（deformation vibration）

＋：紙面より手前へ
－：紙面より奥へ

図 5-17　赤外吸収スペクトル

```
磁場中での核スピン（I＝1/2）のボルツマン分布
       $N_\alpha/N_\beta \fallingdotseq 1+(1/kT)(\gamma hB/2\pi)$
```

B：外部磁場の強さ
h：プランク定数
γ：核磁気回転比
k：ボルツマン定数

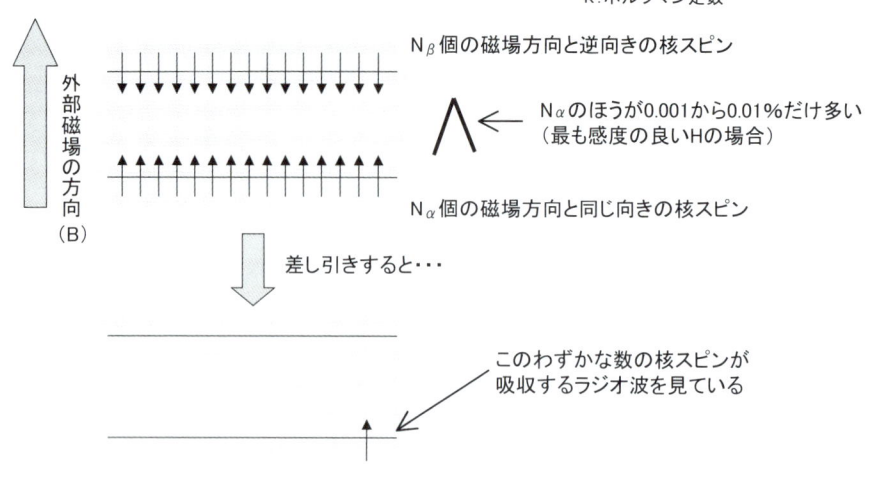

外部磁場の方向（B）

N_β個の磁場方向と逆向きの核スピン

N_αのほうが0.001から0.01％だけ多い（最も感度の良いHの場合）

N_α個の磁場方向と同じ向きの核スピン

差し引きすると…

このわずかな数の核スピンが吸収するラジオ波を見ている

図 5-18　磁場中での核スピン（I ＝ 1/2）のボルツマン分布

し量ることが可能となる。この化学的環境を示す NMR からの情報を化学シフト（chemical shift）という。その他，スピン－スピンカップリング（spin-spin coupling）やスピン緩和過程（spin relaxation）からも，有機化合物の結合や空間的配置に関する大変有用な情報が得られるが，詳細は成書に譲ることとする。

さらに，それ以外の有機化合物の同定法としては，強いエネルギーを持つ X 線を利用することで結晶構造をビジュアル化する単結晶 X 線解析（X-ray crystal structure analysis）や，高真空下で分子量や置換基の情報を得る MS スペクトル（mass spectrometry）などがある。

5-3　身近な有機分子

これまでに，有機分子にかかわる，結合様式と配列，そこから生じる極性，さらには分子間の相互作用等が，有機分子自身の性質を大きく支配していることを学んできた。次に，身近な有機分子を例にとってその具体例を紹介する。

5-3-1　都市ガスとプロパン

最も簡単な構造を持つ炭化水素類であるメタンは都市ガスと呼ばれ，私たちの生活にたいへん役立っている。同じような利用法である物質に炭素鎖が 3 つであるプロパンがあり，共に調理用などの燃料である。両者は，炭素と水素から成る物質なので，比較的分子内の分極は小さく，かつ，分子量（質量）も小さいので，常温常圧では気体として存在する。

5章 身の回りの有機物，これだけは知っておこう

大学進学で一人暮らしのためにガスコンロを購入しようとすると，地域によっては，「プロパンですか，都市ガスですか」と家電店の店員さんから尋ねられた経験をお持ちであろうか。なぜ，同じ炭化水素類の化合物を燃焼させるのに器具が異なるのであろうか。その答えは，分子中の水素数／炭素数を比較すると説明がつく。水素は燃える（酸化される）と水（H_2O）を生じる。他方，炭素は二酸化炭素（CO_2）となる。すでに，おわかりのように，メタンとプロパンでは，完全燃焼によって水と二酸化炭素を生成させて大きな熱量を得る際に，供給すべき空気（酸素）量が異なるのである。

5-3-2 お酢の酸性度を塩酸よりも強くしたい

我々の食卓にのぼるお酢の主成分は酢酸（CH_3COOH）である。この分子は，カルボン酸と呼ばれる有機酸を分子内に持つために「すっぱい」味を示す。酸性の程度は弱く，弱酸である。その他に，酸性を示す物質に塩酸（HCl）や硫酸（H_2SO_4）などがあるが，これらは強酸と分類されている。このように酸性度（acidity）が異なるのは，第3章で説明したように両者の電離度が大きく異なるためである。カルボン酸の場合，解離した水素イオンは水に捕捉されてオキソニウムイオンとなる。では，カルボキシラートアニオンに着目してみると，生じたアニオンは，2つの酸素原子上に非局在化しており，幾分，安定化されていることが予想される。しかしながら，酢酸のメチル基部分はアニオンを安定化させる電子構造を持ち得ない。では，メチル部分の水素がすべてフッ素で置き換わったトリフルオロ酢酸（CF_3COOH）の酸性度はどうであろうか。カルボン酸部分の水素原子の解離によって生じたカルボラートアニオンは，電気陰性度の強い3つのフッ素原子によって，それらの結合した炭素原子上までアニオンを非局在化することに成功している。したがって，アニオン分子の電子密度は低下して分子全体を大きく安定化している。その結果，トリフルオロ酢酸は，塩酸よりも強い酸として知られている。このような強い酸を，超強酸（super acid）と呼ぶ。

【章末問題】

1. 1,2－ジメチルシクロペンタンの2種類の幾何異性体の構造式をかけ。また，2種類の異性体の沸点は，一方は99℃，他方は92℃である。それぞれどちらの異性体であるか予測せよ。

2. フィッシャー（Fischer）の投影式と呼ばれる立体表示法がある。この方法では，1) 不斉中心の炭素は表示しない，2) 不斉中心につながる2本の水平線は紙面の手前方向，垂直方向は紙面の奥方向を意味する。例えば，ある化合物をフィッシャーの投影式で表すと次の通りとなる。
　　この化合物の不斉中心炭素をR-S表記法で示せ。また，化合物名をIUPACの方法で命名し，次に，ニューマンの投影式で表せ。さらに，立体反発の少ないに最も安定な配座を予想せよ。

フィッシャーの投影式

3. ベンゼン環は，よりカチオン性を示す求電子試薬（例えば，$CH_3CH_2Cl + AlCl_3$：フリーデル・クラフツ試薬と呼ばれる）の攻撃を受けやすくなっている。その結果，下に示したようなベンゼノニウムイオン（benzenonium ion）を形成する。ベンゼノニウムイオンの共鳴構造式を完成せよ。

ベンゼノニウムイオン

4. ピロール（C_4H_5N）は水に溶解しないが，同族体であるピロリジン（C_4H_9N）は水に完全に溶解する。その理由を説明せよ。

ピロールとピロリジンの構造

6 どこにでもある無機物

　無機物（inorganic substance）に対して有機物（organic substance）がある。有機物を炭素を含む物質とすれば，無機物とは炭素を含まない化合物あるいは物質をいう。ただし，簡単な炭素化合物である二酸化炭素や炭酸塩等は無機物に入れる。私達の周りには数え切れないほどの単体，化合物，混合物からなる無機物がある。周期表の元素からいくつかの無機物を化学の目からながめてみよう。

6-1 地殻の元素分布

　表 6-1 に宇宙と地殻における元素存在率及び地殻における主成分の順位 10 までを示した。最も簡単な原子構造をなす水素は宇宙におけるすべての元素の出発元素で，最も大きな存在率をなす。水素の大半は単体として分子状，原子状あるいは陽子として存在している。水素とヘリウムで 99.8% 以上を占め，水素の燃焼（核融合反応による He の生成）は太陽の膨大なエネルギー源となっている。

表 6-1　宇宙と地殻における元素存在率および地殻の主成分組成

順位	宇宙		地殻					
	元素	存在率[1)]（モル%）	元素	存在率[2)] （モル%）	（質量%）	酸化物	存在率[3)] （モル%）	（質量%）
1	H	92.447	O	61.90	46.40	SiO_2	59.45	55.2
2	He	7.409	Si	21.40	28.15	CaO	10.15	8.80
3	O	0.068	Al	6.51	8.23	Al_2O_3	9.71	15.3
4	C	0.041	Ca	2.21	4.15	MgO	8.38	5.22
5	Ne	0.013	Na	2.19	2.36	FeO	5.26	5.84
6	N	0.008	Fe	2.15	5.63	Na_2O	3.01	2.88
7	Mg	0.004	Mg	2.05	2.33	TiO_2	1.32	1.63
8	Si	0.003	K	1.14	2.09	K_2O	1.31	1.91
9	Fe	0.003	Ti	0.25	0.57	Fe_2O_3	1.13	2.79
10	S	0.002	P	0.07	0.11	MnO	0.16	0.18

出典　1) E. Anders and M. Ebihara, Geochim. Cosmochim. Acta, 46, 2363(1982). 2) S. R, Taylor, Geochim, Cosmochim. Acta, 28, 1273(1964). 3) V. Poldervaat, Geol.Soc. Amer., 62, 119(1955).

地球の自然中には，（原子番号 43 のテクネチウムと 61 のプロメチウムを除いた）92 番ウランまで 90 種の元素が存在する。地表から深さ約 35 km までの岩盤層である地殻では酸素が質量で 50％近くを占める（表 6-1）。単体の酸素は主に気体として存在し，その他は SiO_2，Al_2O_3，Fe_2O_3，$CaCO_3$ などと安定な酸化物を形成して他の元素との化合力が強いことを示している。地球上に生命が誕生する約 40 億年前までは，地球は正しく無機化合物の星であった。

6-2　酸化物

　酸素は宇宙に存在する粒子数としては 3 番目であるが，地殻においては最も高い存在率を示す。大気中には単体として 20.8％（体積比）含まれるが，酸素はほとんどすべての元素と化合物をつくり，海洋中には水として，地殻中では酸化物，ケイ酸塩として広く存在し，濃縮されているといえる。

　表 6-2 に各族の比較的安定な酸化物を示す。一般に酸化物とは，酸化数 − 2 の状態の酸素を含むものをいう。ただし，過酸化水素 H_2O_2 のように過酸化物では O_2^{2-} の酸素となる。ハロゲン酸化物のうち，電気陰性度からフッ素は負の酸化数をとり，塩素は正の酸化数をとる。臭素の酸化物は熱的に不安定である。酸化物はつぎの 4 つに分類される。

(1)　**酸性酸化物**（非金属元素の酸化物）

　　塩基と作用して塩をつくり，また水と反応してオキソ酸（$XO_m(OH)_n$ oxoacid）をつくる。

(2)　**塩基性酸化物**（金属元素の酸化物）

　　酸と作用して塩をつくり，また水と反応して塩基性水溶液を与える。

表 6-2　4 周期までの元素の酸化物

(a)　典型元素の酸化物

周期＼族	1	2	13	14	15	16	17
1	H_2O H_2O_2						
2	Li_2O_2 Li_2O	BeO	B_2O_3	CO CO_2	N_2O, NO N_2O_3, NO_2 N_2O_4, N_2O_5	(O_2) O_3	OF_2 O_2F_2
3	Na_2O_2 Na_2O	MgO	Al_2O_3	SiO SiO_2	P_4O_6 P_4O_{10}	SO_2 SO_3	Cl_2O, ClO_2 Cl_2O_6, Cl_2O_7
4	K_2O_2 K_2O	CaO	Ga_2O Ga_2O_3	SeO_2 SeO_3	As_2O_3 As_2O_5	SeO_2 SeO_3	酸化物は不安定

(b)　第 1 遷移金属元素の酸化物

周期＼族	3	4	5	6	7	8	9	10	11	12
4	Sc_2O_3	TiO_2	VO V_2O_3 VO_2 V_2O_5	Cr_2O_3 CrO_2 CrO_3	MnO Mn_3O_4 Mn_2O_3 MnO_2	FeO Fe_3O_4 Fe_2O_3	CoO Co_3O_4	NiO	Cu_2O CuO	ZnO

(3) **両性酸化物**（Al, Zn, Sn, Pb, As, Sb の酸化物）

塩基とも酸とも作用して塩をつくる。

(4) **中性酸化物**（CO, N_2O）

酸性・塩基性に無関係。

（例題 6-1） 炭素の酸化物を例にして，酸性酸化物の反応を説明せよ。

解） 炭素の安定酸化物は二酸化炭素 CO_2 である。塩基（水酸化ナトリウム）水溶液と反応して酸性塩（acid salt）の炭酸水素ナトリウムを生じる。

CO_2 + NaOH ⟶ $NaHCO_3$

塩基が多いと正塩（normal salt）の炭酸ナトリウムを生じる。

CO_2 + 2NaOH ⟶ Na_2CO_3

水との反応では，オキソ酸である炭酸（$CO(OH)_2$）をつくる。

CO_2 + H_2O ⟶ H_2CO_3

そして，その水溶液は酸性を示す。

H_2CO_3 ⇌ H^+ + HCO_3^-

（例題 6-2） ナトリウムの酸化物を例にして，塩基性酸化物の反応を説明せよ。

解） 1族のナトリウムの酸化物は酸化ナトリウム Na_2O である。酸（塩酸）と反応して塩（塩化ナトリウム）をつくる。

Na_2O + 2HCl ⟶ 2NaCl + H_2O

また，水と反応して塩基性水溶液（水酸化ナトリウム水溶液）を与える。

Na_2O + H_2O ⟶ $2Na^+$ + $2OH^-$

（例題 6-3） 亜鉛の酸化物を例にして，両性酸化物の反応を説明せよ。

解） 金属亜鉛を空気中で熱すると，白色の酸化亜鉛（ZnO）となる。粉末を亜鉛華または亜鉛白という。酸と塩基の水溶液と次のように反応し，塩を生成して溶ける。

ZnO + 2HCl ⟶ $ZnCl_2$ + H_2O

ZnO + 2NaOH + H_2O ⟶ $Na_2[Zn(OH)_4]$

6-3　水素の酸化物，水

宇宙においては，宇宙線と呼ばれる高エネルギー粒子（主にプロトン）による宇宙気体のイオン化と分子（H_2 など）の反応により水が生成し，それを取り込んだ彗星によって，太陽系が作られる過程で，地球との衝突で多くの水がもたらされたといわれる。[1] 地球上

においては，水素は単体としては天然にほとんど存在していない。燃料電池等のこれからの新エネルギーとして，クリーンな水素エネルギーへの期待は世界的に広がっている。

水素の工業的製法としては，メタンの水蒸気改質法

$$CH_4 + H_2O \longrightarrow CO + 3H_2$$

それに続く一酸化炭素の水性ガスシフト法

$$CO + H_2O \longrightarrow CO_2 + 3H_2$$

により合成されている。そして水の電気分解法も使用されている。また，水と熱だけから水素を作る熱化学分解法が研究段階ではあるが進められている。

いずれにしろ，単体水素および化合物中の成分元素の水素の燃焼（酸素との反応）は安定な水となる。

$$H_2 + 1/2\, O_2 \longrightarrow H_2O$$

しかし，水は化学反応によっては容易に他の物質に変わる。例えば，金属ナトリウムと激しく反応して水素を発生し，二酸化炭素を溶かして炭酸飲料となる。

$$H_2O + Na \longrightarrow NaOH + 1/2\, H_2$$
$$H_2O + CO_2 \longrightarrow H_2CO_3$$

しかし，水は地球上で最も安定な物質の1つである。1万mもの海底でも押しつぶされることもなく，単独では2000℃でもほとんど分解をすることもない。

水は非常に簡単な3原子分子にもかかわらず，分子量が同程度の他の液体に比べて融点と沸点は高く，表面張力（図5-11参照）と粘性率の大きいのは分子間の水素結合の影響である。さらに，氷が水に浮かぶのは，日常的に我々が目にしているが，物質の固体がその液体に浮ぶのはきわめて異常であり，他の物質では固体は液体の底に沈む。その一例として身近な氷酢酸（融・凝固点16.6℃）をあげよう。図6-1に水と酢酸の系における液体と固体が平衡にある時の状態を示した。酢酸では固体の酢酸はそこに沈む。酢酸は，冬季には氷結するから氷酢酸と呼ばれ，容易にこれを観察することができる。ほとんどの物質は酢酸と同様である。

この水の異常さは水素結合（2章）による三次元構造の構築の結果（図6-2），体積が増すからである。体積の増加した分だけ，水表面に浮かぶことになる。温度による体積変化

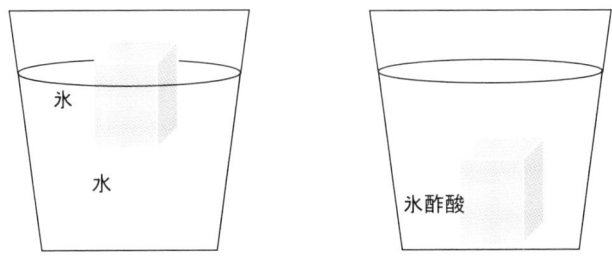

図6-1 コップ中の水－氷系と酢酸の液体－固体系

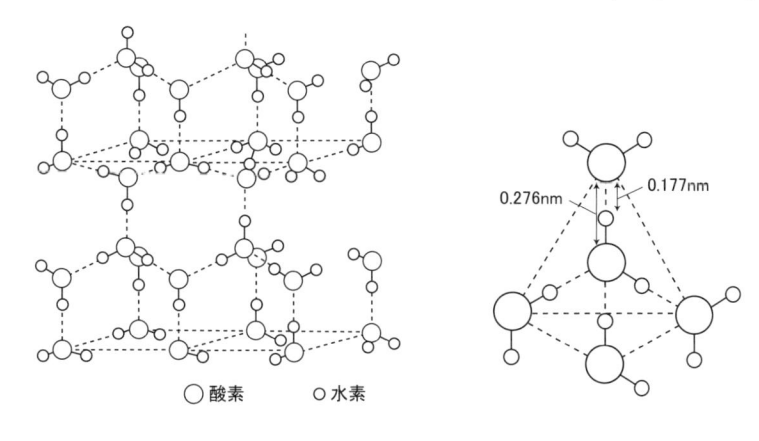

(a) 氷の中の水分子の格子　　　　(b) 水分子の四面体構造

図 6-2　氷の構造
(伊勢村壽三,『水の話し』, 培風館, 1992)

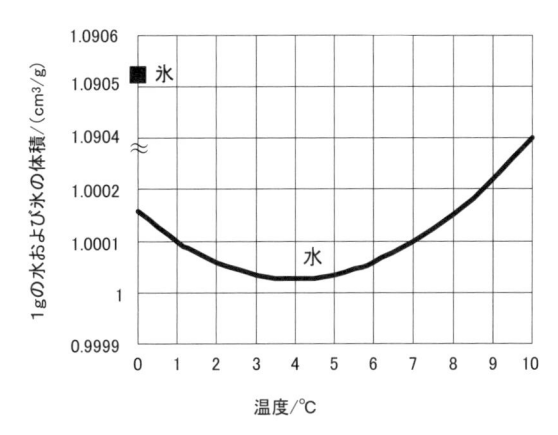

図 6-3　温度による 1 g 当たりの体積 (cm³/g) の変化

が図 6-3 に示してある。液体の水は 4℃で最も体積が収縮し，密度が最大となる。これは部分的に残っている水・液体中の三次元構造の崩壊による収縮と熱による膨張とのバランスの結果である。4℃の水が最も重いから，池では温度の低い水が上層になって表面から氷が張り，風呂を沸かす時には温度の高い水が上層になるという，一見矛盾したような状況が生まれる。

　図 6-4 は水の状態図で，水の 3 状態（固体，液体，気体）が温度と圧力にどのように変化するかを示す。その中で氷から水への変化が圧力でどのように変わるかを示すのが，融解曲線である。この融解曲線が僅かに負の勾配を持っていることに注目しよう。これは圧力が高くなれば，融点（凝固点）が下がることを意味しており，また，圧力をかければより体積の小さな状態，すなわち液体に移ろうとする平衡移動の法則（ル・シャトリエの法則）に従っている。氷の上で，スケートが滑るのも，エッジにかかった高い圧力によって

図 6-4　水の状態図

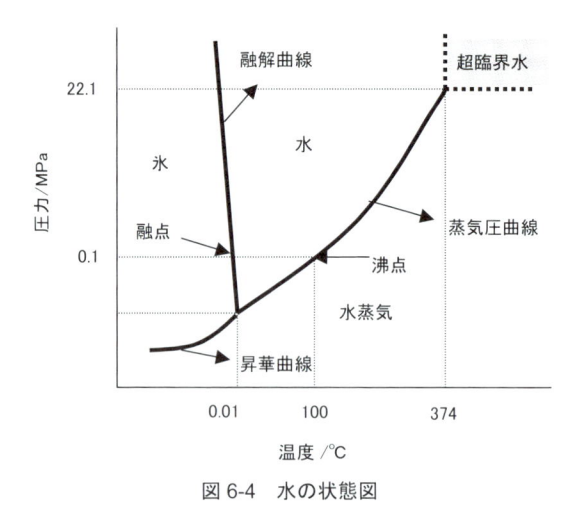

氷が融けて潤滑水となってスムーズな滑りができる。

　圧力が高くなれば，沸点が上がるのは蒸気圧曲線が示すとおりである。22.1 MPa（374 ℃）以上になれば，液体とも気体ともいえない状態の水となる。これを超臨界水（supercritical water）といい，最近，活性化した水の反応媒体として注目され，バイオマスをはじめとする廃棄物高分子から化学高分子を回収するプロセスに，超臨界水による高分子の酸化・分解反応の応用が検討されている。

6-4　鉄の酸化物

　地殻では4番目に多い元素である鉄は，金属のなかでは比較的安価で，最も多量に生産され，日常生活の至るところで使用されている。

6-4-1　酸化鉄

　酸化鉄の中の三二酸化鉄 Fe_2O_3 は赤鉄鉱として天然に産出する。ベンガラともいい，その名はこれがインドのベンガル地方で産出したことに由来するといわれる。赤色を呈するベンガラは空気中で最も安定な酸化状態なので化学的変化が起こりにくく，人類の古くから赤色顔料として使われてきた。最も古いのは旧石器時代後期（約17000年前），スペイン北部のアルタミラ洞窟のヤギュウなど動物の赤色壁画であり，日本でも高松塚古墳の女人像の赤い上衣に用いられている。その他寺院にもベンガラで彩色された建物が多くみられる。

　耐久性に優れたベンガラは，現在でも木材，瓦，陶器の着色，船舶や自動車の防錆塗料，そして化粧品にも使われている。最近，赤色のアスファルトをみかけるように，都市景観整備のためにも使われている。

酸化鉄は鉄が酸素と結合,すなわち鉄が燃える結果である。熱化学的には酸化鉄（Fe_2O_3）の生成熱として

$$2Fe + 3/2 O_2 \longrightarrow Fe_2O_3 \qquad \Delta H = -822 \text{ kJ/mol}$$

と表され，1 g の鉄が燃えると，7.4 kJ の熱を発する。鉄釘はゆっくりと錆びるから発熱を感じない。しかし，鋳物にする鉄（鋳鉄）を 0.05 mm くらいの粉末にすると，表面積が何千倍も大きくなり，しかも水と食塩を黒鉛とともに適当に混ぜれば，空気中の酸素で鉄の燃え方は速くなって，温度が 40〜50℃ となる。これがいわゆる携帯用カイロである（図 7-2 参照）。

6-4-2 純　　鉄

インドのデリー市郊外にあるクトウプ・ミナールには，5世紀に建てられたと伝えられる高さ 7.2 m，質量 6 t の鉄の柱が 15 世紀もの間，錆びずに野外に立っている。錆びないのは純鉄だからといわれる。

最近の高純度鉄の研究から，これまでの鉄の性質として知られてきたものは，鉄と不純物元素との合金の性質であったことが指摘されている。[2] 現在，最も純度が高い鉄は，99.99989％の超高純度鉄が報告されている。[3] このような超高純鉄は，1年以上空気中に放置しても錆びず，塩酸や硫酸にも溶けず，王水にのみ溶けるといわれる。

6-5　チタンの酸化物

地球上の生物で，自らエネルギーを作り出せるのは葉緑素の触媒機能を利用した光合成を行う植物だけである。植物は水と二酸化炭素から太陽光線を使う光合成によって，酸素を作り出す。

チタンの酸化物（TiO_2）は地殻中の酸化物として7番目に多い。この酸化物に太陽光線を当てると，水を分解して水素と酸素が生じることがみいだされた。[4] これは，植物の葉緑素に似た，二酸化チタンの半導体としての光触媒機能である。

半導体では，電子の入っていない空の伝導帯（エネルギー ε_1）は電子の詰まった価電子帯（ε_0）からエネルギーギャップ（禁制帯幅）だけエネルギーが高いところに位置する。二酸化チタンではそのギャップは約 3.2 eV（波長 388 nm，紫外線）である。ギャップ以上のエネルギーを持った光（波長 380 nm 以下の光）を当てると電子がエネルギーの高い伝道帯に移動し，価電子帯では正の電荷が残り，それは正孔といわれる。したがって，二酸化チタン表面に太陽光線（紫外線）を当てると，伝導帯電子と正孔は同時にでき，電子は還元力を持ち，一方正孔は酸化力を持つ。二酸化チタンが孤立しているなら，励起さ

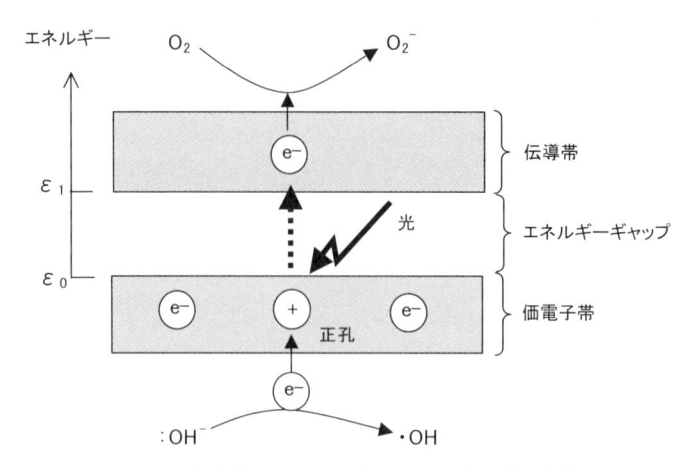

図 6-5 半導体における光照射による酸化還元機構

た伝導電子は短時間（約 $10^{-10} \sim 10^{-6}$s）で元の価電子帯にもどり，励起エネルギーは熱や光となって再放出される。しかし，ε_1 や ε_0 近くに空いた準位を持った分子 O_2 と：OH^-（吸着水）がそばに存在すると酸化還元反応が起きる（図 6-5）。この過程で，元の二酸化チタンは再生され，酸素や水と反応して，スーパーオキサイドアニオン（O_2^-）や OH ラジカル（・OH）などの活性酸素が生じる反応は連続的に起こることになる。

　還元：伝導体電子　　O_2 ＋ e^- → O_2^-

　酸化：価電子帯正孔　：OH^- → ・OH ＋ e^-

これらの活性酸素のエネルギーは高く，有機物の結合を切断して分解する。現在二酸化チタンの酸化・還元力は色々な分野で利用されている。殺菌，消臭，汚れの分解，大気や水の浄化など，急速に応用は広がりつつある。[4]

【章末問題】

1. 二酸化窒素の塩基と水との化学反応を書け。
2. 酸化カルシウムの酸と水との化学反応式を書け。
3. 酸化アルミニウムの酸と塩基との反応を書け。
4. 水を電気分解するとき，カソード（−）とアノード（＋）で起きるそれぞれの電極反応を書け。

7 化学反応と化学平衡

　化学反応はフラスコ内だけで起こるのではなく，私たちの身の回りや全ての生体中でも絶えず起きている。本章では，化学反応の基礎的な事項を確認したのち，可逆的な反応である化学平衡について学ぼう。

7-1　化 学 反 応

　水素ガスを空気中で燃焼させると爆発的に反応が進行して水が生じる。これは次のような反応式で書くことができる（図 7-1）。

$$2H_2 + O_2 \longrightarrow 2H_2O \tag{7-1}$$

　反応式の左辺に反応する物質（反応物），右辺には生成する物質（生成物）を書く。もちろん反応前後では各元素の組み合わせが変化するだけで，元素の種類と数は全く同じである。言い換えると，反応物の質量の総和は，生成物の質量の総和に等しい。これは，質量保存の法則と呼ばれている。反応式を書くには，各物質の係数を正しく決定することが大切である。

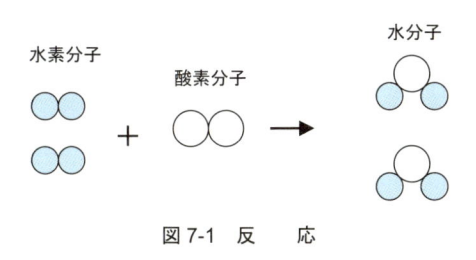

図 7-1　反　応

（例題 7-1）　確認のため次の反応式の係数を決定せよ。

(1) $Al + O_2 \longrightarrow Al_2O_3$

(2) $NH_4Cl + Ca(OH)_2 \longrightarrow CaCl_2 + H_2O + NH_3$

解）(1) $2Al + 3/2O_2 \longrightarrow Al_2O_3$

　　(2) $2NH_4Cl + Ca(OH)_2 \longrightarrow CaCl_2 + 2H_2O + 2NH_3$

7-1-1　化学反応の種類

化学反応とはどのようなものがあるのだろう。化学反応の例をいくつか示す。

分解反応　$CaCO_3 \longrightarrow CaO + CO_2$

酸化反応　$2Fe + 3/2O_2 \longrightarrow Fe_2O_3$（使い捨てカイロ中の反応，図 7-2 参照）

解離反応　$CH_3COOH \longrightarrow CH_3COO^- + H^+$

合成反応　$N_2 + 3H_2 \longrightarrow 2NH_3$

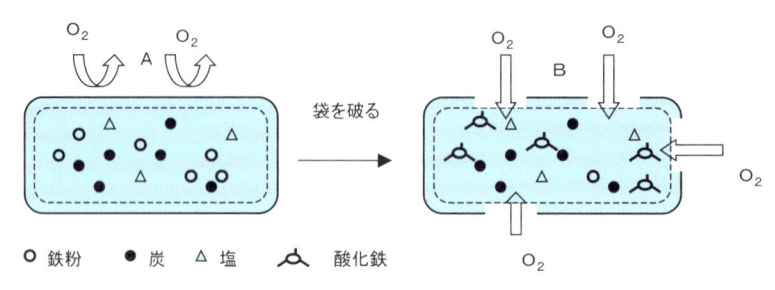

(A) 外袋は酸素を通さない。
(B) 外袋を破ると酸素が入り，鉄粉は酸化される。炭は酸素を吸着する性質があり，塩は触媒の働きをする。使い捨てカイロは鉄が酸化されるときに発生する熱を利用している。

図 7-2　使い捨てカイロ

7-1-2　反　応　熱

化学反応が起きると熱の出入りがみられる。例えば，炭を燃やすと発熱し，これを調理や暖炉に利用している。これは反応熱（reaction heat）と呼ばれ，単位はジュール J であり，反応式の右辺に書きそえる。

炭の燃焼：　$C(黒鉛) + O_2 \longrightarrow CO_2 \quad \Delta H = -394\,\text{kJ}$ 　　　(7-2)

発熱反応（exothermic reaction）と吸熱反応（endothermic reaction）の場合があり，その時の反応熱の符号はそれぞれ－，＋となる。

反応するとどうして熱が発生するのだろうか（図 7-3）。化学物質はエネルギーを持っており，これをエンタルピー（H, enthalpy）という。反応の結果，新しく酸素原子との結合が生じ，二酸化炭素が発生する。エンタルピーの変化（ΔH，一定圧力下）が生じ，そ

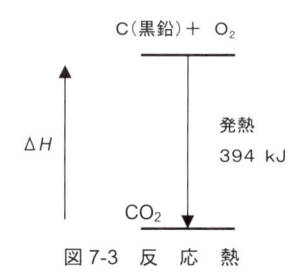

図 7-3　反　応　熱

7章 化学反応と化学平衡

れが反応熱として放出される。つまり，反応系（炭素と酸素）が生成系（二酸化炭素）よりもエネルギー的に高い状態にあることを意味する。エンタルピー変化は化学反応だけでなく溶解や相変化でも認められる。一方，ヘキサンとエタノールを混合すると溶液が冷たくなるが，この時は吸熱反応が起きている。

7-2　化学平衡

　水素とヨウ素を容器に入れ高い温度に保つと，時間とともにヨウ化水素が生成し，次式の反応が進行する。この反応の時間経過を図7-4に示す。

$$H_2 + I_2 \rightleftarrows 2HI \tag{7-3}$$

次第に原料と生成物の組成は一定に近づき，それ以上進行しなくなる。この状態では，反応は決して停止しているのではなく，反応式の左から右，右から左への両方向の反応が絶えず進行し，ある一定の組成になっている。一方，ヨウ化水素をこの容器に入れると次第に水素とヨウ素に解離し，前と同じ組成に落ち着く。反応は左から右でも，右から左でも自由に進行する。このように見かけ上，反応が停止した状態を化学平衡（chemical equilibrium）に達しているという。したがって反応の→は両方向に向いているように表示する。この平衡状態を定量的に表すには平衡定数 K（equilibrium constant）を用いる。

$$K = \frac{[HI]^2}{[H_2][I_2]} \tag{7-4}$$

反応分子の濃度（mol/l）を分子に，生成物の濃度を分母に置き，反応式の係数をべき乗とする。分子分母を間違えないように注意しよう。

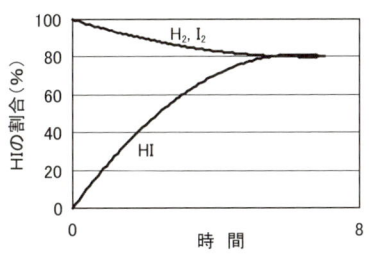

図7-4　ヨウ化水素の化学平衡

　平衡定数の大きさから左か右方向の反応のいずれが優勢か判断できる。1よりずっと大きな値であれば生成物が優勢，小さい値であれば原料が優勢であることがわかる。さらに，この平衡定数がわかれば，いろいろな濃度における組成が予測できる。水素の燃焼による水の生成反応では，いったんできた水から水素と酸素ができる反応は進行しない。これは平衡が圧倒的に生成物側に傾いているためである。一般的な平衡定数の式は以下の通りである。

$$aA + bB + \cdots \rightleftarrows xX + yY + \cdots \tag{7-5}$$

$$K = \frac{[X]^x [Y]^y \cdots}{[A]^a [B]^b \cdots} \tag{7-6}$$

平衡定数は温度により変化するので他の温度の平衡には適用できないことを記憶しておく必要がある。

（例題 7-2）

(1) 次の化学平衡式を書け。

a. $CO + H_2O \rightleftarrows CO_2 + H_2$

b. $2SO_2 + O_2 \rightleftarrows 2SO_3$

c. $N_2 + 3H_2 \rightleftarrows 2NH_3$

解）

a. $K = \dfrac{[CO_2][H_2]}{[CO][H_2O]}$, b. $K = \dfrac{[SO_3]^2}{[SO_2]^2[O_2]}$, c. $K = \dfrac{[NH_3]^2}{[N_2][H_2]^3}$

(2) 平衡定数を計算せよ。

a. ある温度における以下の反応が平衡状態にある。

$H_2 + I_2 \rightleftarrows 2HI$

そのときの濃度は，$[H_2] = [I_2] = 3.8 \times 10^{-3}$ M, $[HI] = 2.6 \times 10^{-2}$ M

b. 酢酸とエチルアルコールとの等モル混合により 64.5% のエステルが生成する。

$CH_3COOH + CH_3CH_2OH \rightleftarrows CH_3COOCH_2CH_3 + H_2O$

解）

a. $K = \dfrac{[HI]}{[H_2][I_2]} = \dfrac{(2.6 \times 10^{-2})^2}{(3.8 \times 10^{-3})(3.8 \times 10^{-3})} = 47$

b. $K = \dfrac{[CH_3COOCH_2CH_3][H_2O]}{[CH_3COOH][CH_3CH_2OH]} = \dfrac{0.645 \times 0.645}{(1 - 0.645)(1 - 0.645)} = 3.30$

(3) さらに平衡定数が既知であれば原料濃度から平衡時の組成を決定できる。

a. (2) a. の問題において求められた平衡定数を用いて原料濃度を $[H_2] = [I_2] = 7.2 \times 10^{-3}$ M であるときの平衡時の各濃度を求めよ。

b. (2) b. の問題において求められた平衡定数を用いて，80% エステルを生成するためには原料濃度の酢酸はエチルアルコールの何倍の濃度が必要か求めよ。

解）

a. (2) a. で求めた平衡定数を用いて生成物の濃度を x とすれば

$$\frac{x^2}{(7.2\times 10^{-3}-x/2)(7.2\times 10^{-3}-x/2)}=47,\ x=6.3\times 10^{-3},\ 平衡時の各濃度は$$

$$[H_2]=[I_2]=9\times 10^{-4}\,M,\ [HI]=6.3\times 10^{-3}\,M$$

b. (2) b. の平衡定数を用い酢酸の濃度を x とすれば

$$\frac{0.8^2}{(1-0.8)(x-0.8)}=3.30,\ x=1.8,\ したがって1.8倍$$

7-3　化学平衡はどのような影響を受けるのか

　化学平衡の状態では反応が停止しているように見えるが，この時外部から影響を与えてみよう．次式のアンモニア合成の反応を例として説明する．まず，原料の窒素または水素を加えると，この原料増加を緩和するように反応は生成方向に進行し，新たな平衡状態に

$$N_2\ +\ 3H_2\ \rightleftarrows\ 2NH_3 \qquad \Delta H=-92.2\ kJ$$

達する．圧力を加えると，これを減少するように反応は分子数の少ない生成系に進行し，さらに，温度を上げると発熱反応の生成系方向とは逆の原系方向に反応は進行し，新たな平衡状態に達する．このように，外部から影響を与えるとこれを緩和する方向に反応は進行する．これは平衡移動の法則あるいはル・シャトリエ（le Chatelier）の法則と呼ばれている．圧力を加えると氷が溶けやすくなる物理現象により，私たちは滑らかなスケートを楽しむことができる．これも本法則に従うものである（6-3節参照）．

7-4　反応速度とは

　反応の速さはどのように表すのだろう．車の速度は時速 60 km／時間として，単位時間あたりの距離の変化で表している．同様に，化学反応では単位時間あたりの化学物質濃度の変化で表す（図 7-5）．

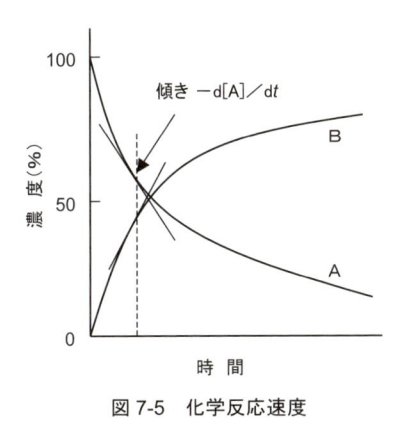

図 7-5　化学反応速度

次の簡単な反応を考えてみよう。(例えば，$CaCO_3 \longrightarrow CaO + CO_2$)

$$A \rightleftarrows B + C \tag{7-7}$$

反応速度（reaction rate）はAの濃度減少速度で表される。

$$\frac{-d[A]}{dt} = k[A] \tag{7-8}$$

ここでkは反応速度定数であり，Aの濃度はM単位である。左辺のマイナス符号は原料の減少を表す。これはどのように解くのだろうか。変数分離法によれば，

$$\frac{d[A]}{[A]} = -kdt \tag{7-9}$$

$$\int \frac{d[A]}{[A]} = -k\int dt \tag{7-10}$$

$$\ln[A] = -kt + C \qquad C:\text{積分定数} \tag{7-11}$$

(この積分は色々なところで利用されるので習熟しておこう)

ここで，時間0の時のAの濃度を$[A]_0$とすれば（難くいえば初期条件である）

$$\ln[A]_0 = C \tag{7-12}$$

したがって，

$$\ln[A] = -kt + \ln[A]_0 \tag{7-13}$$

すこし，この式を整理すると

$$\ln \frac{[A]}{[A]_0} = -kt \tag{7-14}$$

$$\frac{[A]}{[A]_0} = e^{-kt} \tag{7-15}$$

これで濃度と時間との関係を求めることができた。この式は，図7-6のようになり，時間とともに[A]は減少し，0に漸近することがわかる。反応速度定数の単位は，(7-8)式より（濃度／時間）＝k（濃度）なので$k = 1$／時間である。通常時間は分，秒が用いら

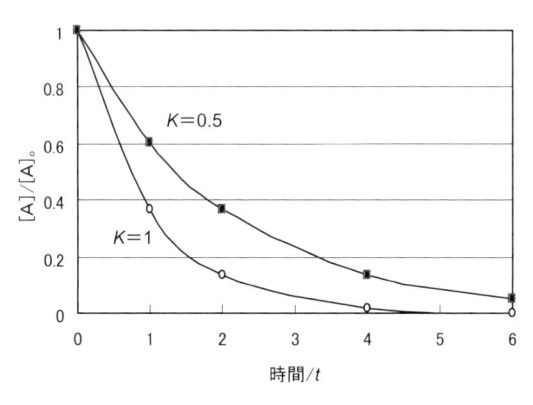

図7-6　反応による濃度変化

れるので，k の単位は $\min^{-1}$ または s^{-1} となる．計算で求めた速度定数には必ず単位を記入しておこう．

(7-8) 式のように，反応速度が濃度の1次に比例しているものを1次反応，さらに，濃度の2次に比例する時は2次反応という（例えば，$-d[A]/dt = k[A][B]$ あるいは $-d[A]/dt = k[A]^2$）．

反応速度の表現がわかったので，これを利用して平衡定数の式を導出してみよう．

反応原系の反応速度　　$v_1 = \dfrac{-d[A]}{dt} = k_1[A]$ (7-16)

生成系の反応速度　　$v_2 = \dfrac{d[B]}{dt} = k_2[B][C]$ (7-17)

平衡状態では $v_1 = v_2$ であるので

$k_1[A] = k_2[B][C]$ (7-18)

$\dfrac{[B][C]}{[A]} = \dfrac{k_1}{k_2} = K$ (7-19)

これで平衡定数の式が得られたことになる．

7−5　化学反応はなぜ進む

反応するためにはエネルギー的に有利である必要がある．図 7-7 のように反応前より反応後のエネルギーが低ければ自然に反応は進行する．また，反応するための「きっかけ」として加熱したり，火をつけたり，何かを加えたりする．この事から反応が進行するためには始めに越えるべきエネルギーの山があることを暗示しており，これを活性化エネルギー（activation energy）という（図 7-8）．反応するためには分子と分子が衝突し，必要なエネルギーを持っていることが必要であり，この時のエネルギーが活性化エネルギーに

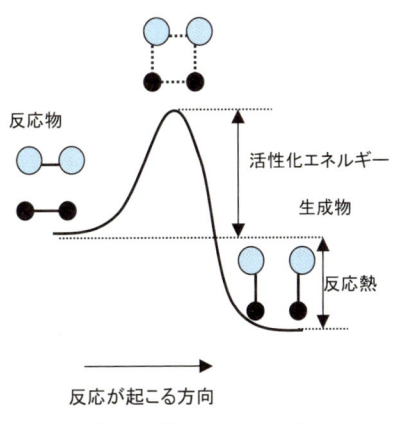

図 7-7　活性化エネルギー

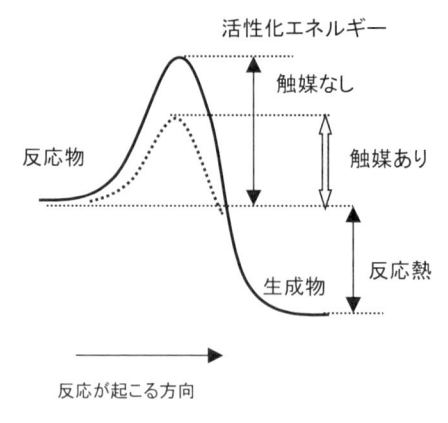

図 7-8　触媒の効果

相当する。

　ところで，生成系のエネルギーが原系のエネルギーより低いのであれば反応は進行する可能性があることを示す。しかし，このエネルギー差はその反応速度はどれくらいか全く情報を与えていない。反応は数秒で終了するのか，あるいは数100年かかるのか全くわからない。反応速度は活性化エネルギーと関係し，活性化エネルギーが大きいと反応速度は遅く，小さいと速い。反応速度定数 k とこの活性化エネルギー ΔE との関係は次式のように表される。ここでは，k_0 は定数，T は絶対温度，R はガス定数である。

$$k = k_0 \exp\left(\frac{-\Delta E}{TR}\right) \tag{7-20}$$

この活性化エネルギーの高さを変えるものが触媒（catalyst）である。通常触媒として金属酸化物などを加えることにより，あらたな活性錯体（activation complex）が形成される。そのために活性化エネルギーが低下し，反応速度が増加するのである。

　水素と窒素を原料とするアンモニアの合成は世界中の工業的規模で実施されている有名な反応である。発明者の名前からハーバー・ボッシュ法（Haber-Bosch，ドイツ，1910年）

$$N_2 + 3H_2 \rightleftarrows 2NH_3 \tag{7-21}$$

と呼ばれている。水素さえあれば空気中に膨大にある窒素を原料にして有用なものができるわけなので笑いの止まらない反応といえる。19世紀のヨーロッパでは食糧生産のためには窒素肥料が求められていたが，南米チリから輸入されるチリ硝石を主な原料として作られていた。これはまた火薬の原料にもなることから空気中の窒素をアンモニアに変換する反応の開発は当時非常に重要な研究テーマであったのである。

　さて，ハーバーはどのようにしてこの反応を実用化させたのだろう。まず，加圧すれば平衡は生成物側に傾くのがわかる。次に高温にすれば反応が進むような気がするが，この反応は発熱反応であるため平衡は原料側に傾いてしまう。したがって，できる限り低い温度で反応させることが大切だが，その代わり反応速度が低下する。そこで，ハーバーは低

温度でも十分な反応速度が得られる触媒を開発することが必要であることに気づいたのである。まだ触媒についての知識がそれほどない時代だから，ボッシュの協力を得て気の遠くなるような金属酸化物の組み合わせの触媒を調製し，実験を行ったのである。7年後ついに彼らは鉄－アルミナ－酸化カリウムという3成分からなる画期的な触媒を発見し，工業化に成功したのである。この業績によりハーバーはノーベル化学賞（1918年）を授与されている。

7-6 弱酸と弱塩基の解離平衡

強酸および強塩基はすでに3章で説明が終っているので，ここでは，弱酸，弱塩基の平衡について学び，それぞれの濃度が既知であればpHが算出できるようにしよう。さらに，実験で頻繁に使用される緩衝溶液についても理解しておこう。

7-6-1 弱　　酸

塩酸などの強酸は水溶液中でほぼ完全に電離する。

$$\text{HCl} \rightleftarrows \text{H}^+ + \text{Cl}^- \tag{7-22}$$

したがって，塩酸濃度はそのまま水素イオン濃度と見なすことができる。

一方，弱酸である酢酸は水中でその極一部が電離して水素イオンを生じ，化学平衡にある。

$$\text{CH}_3\text{COOH} \rightleftarrows \text{CH}_3\text{COO}^- + \text{H}^+ \tag{7-23}$$

このときの平衡定数の式は

$$K_a = \frac{[\text{CH}_3\text{COO}^-][\text{H}^+]}{[\text{CH}_3\text{COOH}]} \tag{7-24}$$

ここでK_aは酸の解離（電離）定数（dissociation constant）である。種々の化合物についての値を表7-1に示す。弱酸では一部しか解離しないため解離定数を考慮して水素イオンを求める必要がある。酢酸を例に説明しよう。酢酸の初濃度をCMとしてxMだけ解離したとすればその時の平衡定数の式は以下の通りである。

$$K_a = \frac{[\text{CH}_3\text{COO}^-][\text{H}^+]}{[\text{CH}_3\text{COOH}]} \tag{7-25}$$

$$= \frac{x \cdot x}{(C-x)}$$

この式を素直に計算すると，xについての2次方程式となる。計算を簡単にするために，電離がごくわずかであることを利用する。$C \gg x$（通常xがCの1/00以下とする）とすれば，分母$C - x \fallingdotseq C$とおけるので，簡単にxを求めることができる。

表 7-1 解離定数

	化合物	分子式		解離定数
強い ↑	シュウ酸	(COOH)$_2$	K_1	5.35×10^{-2}
			K_2	5.42×10^{-5}
	亜硫酸	H$_2$SO$_3$	K_1	1.74×10^{-2}
			K_2	6.46×10^{-8}
	リン酸	H$_3$PO$_4$	K_1	7.08×10^{-3}
			K_2	6.31×10^{-8}
			K_3	4.17×10^{-13}
弱酸	フッ化水素酸	HF		7.24×10^{-4}
	ギ 酸	HCOOH		1.77×10^{-4}
	炭 酸	H$_2$CO$_3$	K_1	4.47×10^{-7}
			K_2	4.68×10^{-11}
	安息香酸	C$_6$H$_5$OH		6.14×10^{-5}
	酢 酸	CH$_3$COOH		1.75×10^{-5}
↓弱い	硫化水素	H$_2$S	K_1	9.55×10^{-8}
			K_2	1.00×10^{-14}
	シアン化水素酸	HCN		4.79×10^{-10}
	フェノール	C$_6$H$_5$OH		1.00×10^{-10}
強い ↑	ジメチルアミン	(CH$_3$)$_2$NH		5.12×10^{-4}
	メチルアミン	CH$_3$NH$_2$		4.38×10^{-4}
	トリメチルアミン	(CH$_3$)$_3$N		5.27×10^{-5}
弱塩基	アンモニア	NH$_3$		1.78×10^{-5}
	ヒドロキシルアミン	NH$_2$OH		5.01×10^{-9}
	ピリジン	C$_5$H$_5$N		2.14×10^{-9}
↓	アニリン	C$_6$H$_5$NH$_2$		3.83×10^{-10}

$$K_\mathrm{a} = \frac{x^2}{C} \tag{7-26}$$

$$x = [\mathrm{H}^+] = (K_\mathrm{a} C)^{1/2} \tag{7-27}$$

$$\mathrm{pH} = -\log[\mathrm{H}^+] = -1/2\log(K_\mathrm{a} C) = 1/2(-\log K_\mathrm{a} - \log C) = 1/2(\mathrm{p}K_\mathrm{a} - \log C) \tag{7-28}$$

ここで，p$K_\mathrm{a} = -\log K_\mathrm{a}$ と定義する。

$C \gg x$ が成立しない時は計算が大変であるが，2次方程式を解くことになる（章末問題4）。

表 7-1 をながめて各化合物と解離定数の大きさとの関係を大雑把につかんでみよう。

7-6-2 弱 塩 基

弱塩基のアンモニアも電離して水酸化物イオンを生じる化学平衡にある。

$$\mathrm{NH}_3 + \mathrm{H}_2\mathrm{O} \rightleftarrows \mathrm{NH}_4^+ + \mathrm{OH}^- \tag{7-29}$$

$$K_\mathrm{b} = \frac{[\mathrm{NH}_4^+][\mathrm{OH}^-]}{[\mathrm{NH}_3]} \tag{7-30}$$

ここで K_b は塩基の解離定数であり，平衡定数の式中には [H$_2$O] の項がないことに注意しよう。希薄水溶液中では [H$_2$O] は一定とみなせるので K_b に含まれている。ところで，ブレンステッドの定義（第4章参照）に従えば，NH$_3$ は H$_2$O から H$^+$ を受け取っているので塩基であり，NH$_4^+$ は H$^+$ を放出しようとするので酸である。NH$_3$ と NH$_4^+$ は互いに共役な酸塩基の関係にあり，両者には次のような関係がある。

7章 化学反応と化学平衡

$$K_a \times K_b = K_w \tag{7-31}$$

弱塩基であるアンモニアについても同じように考えることができる。

$$NH_3 + H_2O \rightleftarrows NH_4^+ + OH^- \tag{7-32}$$

初濃度をC Mとしてx Mだけ解離し，かつ，$C \gg x$が成立している時は，平衡定数の式は以下の通りである。

$$x = [OH^-] = (K_b C)^{1/2} \tag{7-33}$$

$$pOH = -\log[OH^-] = -1/2 \log(K_b C) = 1/2(pK_b - \log C) \tag{7-34}$$

ここで，$pK_b = -\log K_b$と定義する。pOHからpHを求めるには次式を用いる。

$$pH = pK_w - pOH \tag{7-35}$$

（例題 7-3） 0.20 M の CH_3COOH および NH_3 水溶液の水素イオン濃度および pH を計算しなさい。

解）

(1) 0.20 M の CH_3COOH 水溶液

$C \gg x$とすれば $x = [H^+] = (K_a C)^{1/2} = (1.8 \times 10^{-5} \times 0.20)^{1/2} = 1.9 \times 10^{-3}$ M

ここで$C = 0.20$ Mなので$C \gg x$が成立する。したがって，$[H^+]$はこの値を採用してよいことになる。

$pH = -\log[H^+] = -\log(1.9 \times 10^{-3}) = -0.28 + 3 = 2.72$（有効数字に気をつけよう！ 付録参照）

(2) 0.20 M の NH_3 水溶液

同様に，$x = [OH^-] = 1.9 \times 10^{-3}$ Mであり，pOH = 2.72 となる。

$pH = pK_w - pOH = 14 - 2.72 = 11.28$

生体中あるいは食品中でもカルボキシル基を持つ弱酸がたくさん存在する。例えば，ワラビ，ゼンマイなどの山菜は苦味や渋味が強くそのままでは食べることができない。これはシュウ酸あるいはホモゲンチシン酸などの有機酸によるものである（図7-9）。そのため塩基性の重曹を加えて「あく抜き」を行い，中和あるいは他のものに変え，苦味や渋味を取り除く生活の知恵がある。

図7-9 有機酸

7-6-3 緩衝液

溶液に酸あるいは塩基を加えたり，希釈したりしてもpHの変化が少ない時，この溶液は緩衝作用があるという。そのような溶液を緩衝液 (buffer solution) という。比較的高濃度の弱酸とその塩あるいは弱塩基とその塩を含む溶液であれば緩衝作用を示す。化学および生化学実験でも頻繁に使用されている。私たちの血液もリン酸，炭酸およびタンパクなどによる緩衝溶液であり，生命活動に都合のよいpHを保つようになっている。

酢酸の解離平衡について考えよう。

$$CH_3COOH \rightleftharpoons CH_3COO^- + H^+ \tag{7-23}$$

この状態に，少量のH^+が加えられるとCH_3COO^-と反応し消費される。また，少量のOH^-を加えるとH^+が消費されるのでCH_3COOHの解離によりH^+が供給される。このようにして酸や塩基の影響は抑えられる。

緩衝液を定量的に取り扱うときは，(7-23)についての平衡定数の式より

$$K_a = \frac{[CH_3COO^-][H^+]}{[CH_3COOH]} \tag{7-24}$$

この式の両辺の対数を取り整理すると

$$pH = pK_a + \log \frac{[CH_3COO^-]}{[CH_3COOH]} \tag{7-36}$$

$[CH_3COOH]$は酢酸溶液，$[CH_3COO^-]$は酢酸ナトリウムなどの塩を用いて調製する。緩衝作用のあるpH範囲はpK_aを中心にして$\log([CH_3COO^-]/[CH_3COOH])$の値が±1以内である。それをはずれると緩衝作用（buffer action）が低下する。pK_a付近が最も緩衝作用が高いので（図7-10），希望するpH範囲から使用する緩衝液の種類が決まることになる。(7-36)式は暗記するのではなく自分で導出できるようにしておこう。

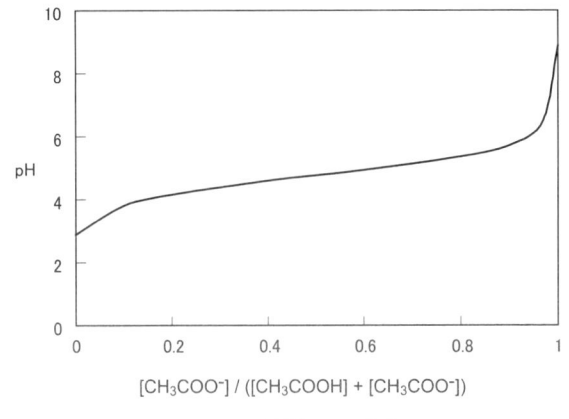

図7-10　酢酸のpH変化

(例題 7-4) 0.10 M 酢酸水溶液 1 L に酢酸ナトリウムを 0.060 mol 溶かした緩衝液がある。

(1) この緩衝液の pH を計算せよ。

解）

$$\mathrm{pH} = \mathrm{p}K_\mathrm{a} + \log \frac{[\mathrm{CH_3COO^-}]}{[\mathrm{CH_3COOH}]} = -\log(1.8 \times 10^{-5}) + \log(0.06/0.10)$$

$$= 4.52$$

(2) この緩衝液に 0.2 M 塩酸 10 ml (0.002 mol) を加えた時の pH を計算せよ。この時の体積変化は無視せよ。

解）

緩衝液に塩酸を加えると [$\mathrm{CH_3COO^-}$] は 0.002 mol 減少し，その分 [$\mathrm{CH_3COOH}$] は 0.002 mol 増加する。

[$\mathrm{CH_3COO^-}$] = 0.060 − 0.002 = 0.058

[$\mathrm{CH_3COOH}$] = 0.10 + 0.002 = 0.102

$$\mathrm{pH} = \mathrm{p}K_\mathrm{a} + \log \frac{[\mathrm{CH_3COO^-}]}{[\mathrm{CH_3COOH}]} = -\log(1.8 \times 10^{-5}) + \log(0.058/0.102)$$

$$= 4.49$$

このように塩酸を加えてもほとんど pH は変わらない。しかし，蒸留水であれば pH は 7 から 2.7（2 mM HCl）に大きく変動するはずである。

7-7　溶 解 度 積

本節では金属イオンの溶解平衡を取り扱う。これは，金属イオンの溶解あるいは沈殿の予測に有用であり，環境汚染物の処理を行う時かくことのできない知識である。

7-7-1　難溶性塩の溶解度積

対象となる金属イオンは塩化銀などの難溶性塩であり，飽和水溶液中では次式のような平衡にある（図 7-11）。

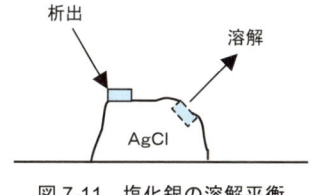

図 7-11　塩化銀の溶解平衡

$$\text{AgCl（固体）} \rightleftarrows Ag^+ + Cl^- \tag{7-37}$$

水溶液の塩化銀は，ある時は溶解しある時は沈殿するといった平衡にある。

この時，溶解性の程度を表すために溶解度積K_{sp}（sp : solubility product）という指標を用いると次式のように各イオン濃度の積，イオン積で書き表すことができる。

$$K_{sp} = [Ag^+][Cl^-] \tag{7-38}$$

溶解度積の式では，$[Ag^+]$と$[Cl^-]$は飽和濃度における値であり，化学平衡定数の式のような分母がないことに注意しよう。様々な難溶性塩についての溶解度積を表7-2に示す。溶解度積の数値は小さいほど溶解度は小さいが，塩の組成が異なるものとは簡単に比較できない。さて，この溶解度積を調製しようとする各イオン濃度と比較することにより，溶液が飽和状態にあるのかがわかる。

$$K_{sp} > [Ag^+][Cl^-] \tag{7-39}$$

$$K_{sp} < [Ag^+][Cl^-] \tag{7-40}$$

$$K_{sp} = [Ag^+][Cl^-] \tag{7-41}$$

左辺の溶解度積が右辺のイオン積より大きい時（7-39）はまだ飽和していない。逆に，溶解度がイオン積より小さい時（7-40）は飽和状態にあり，AgClは溶け残ることを意味する。両者が等しい（7-41）の時はちょうど飽和状態にある。

一般に，難溶性塩A_mB_nについての溶解度積は次のようになる。

$$A_mB_n \rightleftarrows mA^{n+} + nB^{m-} \tag{7-42}$$

$$K_{sp} = [A^{n+}]^m [B^{m-}]^n \tag{7-43}$$

同様にリン酸カルシウムに関する解離とその溶解度積を示す。

$$Ca_3(PO_4)_2 \rightleftarrows 3Ca^{2+} + 2PO_4^{3-} \tag{7-44}$$

$$K_{sp} = [Ca^{2+}]^3[PO_4^{3-}]^2 \tag{7-45}$$

表7-2 難溶性塩の溶解度積（25℃）

塩	分子式	K_{sp}	塩	分子式	K_{sp}
臭化銀	AgBr	4×10^{-13}	水酸化鉄(III)	$Fe(OH)_2$	8×10^{-16}
炭酸銀	$AgCO_3$	8.2×10^{-12}	塩化鉛	$PbCl_2$	1.6×10^{-5}
塩化銀	AgCl	1.0×10^{-10}	クロム酸鉛	$PbCrO_4$	1.8×10^{-14}
ヨウ化銀	AgI	1×10^{-16}	ヨウ化鉛	PbI_2	7.1×10^{-9}
硫化銀	Ag_2S	2×10^{-49}	シュウ酸鉛	PbC_2O_4	4.8×10^{-10}
水酸化アルミニウム	$Al(OH)_3$	2×10^{-32}	硫酸鉛	$PbSO_4$	1.6×10^{-8}
炭酸バリウム	$BaCO_3$	8.1×10^{-9}	硫化鉛	PbS	8×10^{-28}
クロム酸バリウム	$BaCr_4$	2.4×10^{-10}	水酸化マンガン(II)	$Mn(OH)_2$	4×10^{-14}
シュウ酸バリウム	BaC_2O_4	2.3×10^{-8}	硫化マンガン(II)	MnS	1.4×10^{-15}
硫酸バリウム	$BaSO_4$	1.0×10^{-10}	臭化水銀(I)	Hg_2Br_2	5.8×10^{-23}
炭酸カドミウム	$CdCO_3$	2.5×10^{-14}	塩化水銀(I)	Hg_2Cl_2	1.3×10^{-18}
硫化カドミウム	CdS	1×10^{-28}	ヨウ化水銀(I)	Hg_2I_2	4.5×10^{-29}
炭酸カルシウム	$CaCO_3$	8.7×10^{-9}	硫化水銀(II)	HgS	4×10^{-53}
フッ化カルシウム	CaF_2	4.0×10^{-11}	シュウ酸ストロンチウム	SrC_2O_4	1.6×10^{-7}
水酸化カルシウム	$Ca(OH)_2$	5.5×10^{-6}	硫酸ストロンチウム	$SrSO_4$	3.8×10^{-7}
シュウ酸カルシウム	CaC_2O_4	2.6×10^{-9}	シュウ酸亜鉛	ZnC_2O_4	2.8×10^{-8}
硫化銅	CuS	9×10^{-36}	硫化亜鉛	ZnS	1×10^{-21}

(例題 7-5) AgCl のモル溶解度を計算せよ。

解)

溶解している AgCl の濃度を x M とすれば，各イオンの濃度も $[Ag^+] = [Cl^-] = x$ である。
$$K_{sp} = [Ag^+][Cl^-] = x \cdot x = 1.0 \times 10^{-10} \quad x = 1.0 \times 10^{-5} \text{ M}$$
したがって，AgCl のモル溶解度は 1.0×10^{-5} M である。

(例題 7-6) 1.0×10^{-3} M SO_4^{2-} 水溶液に Ba^{2+} を加え，$BaSO_4$ が沈殿を始める時の Ba^{2+} の濃度を計算せよ。

解)

$K_{sp} = [Ba^{2+}][SO_4^{2-}] = 1.0 \times 10^{-10}$

$[SO_4^{2-}] = 1.0 \times 10^{-3}$ M を代入して，$[Ba^{2+}] \times 1.0 \times 10^{-3} = 1.0 \times 10^{-10}$

$[Ba^{2+}] = 1.0 \times 10^{-7}$ M 以上になると沈殿を生じる。

7-7-2 溶解度に影響する因子

上の例題は純粋な水中における溶解度を求めたが，実際は共存するイオン，溶液の pH，温度などの影響を受ける。

解離するイオンの一方のイオンが過剰に加えられると溶解度が減少する。この現象を共通イオン効果という。例題で確認してみよう。

(例題 7-7) 0.20 M の塩化ナトリウム溶液における塩化銀のモル溶解度を求めよ。

解)

溶解している AgCl の濃度を x M とすれば，$[Ag^+] = x$ M, $[Cl^-] = (x + 0.20) ≒ 0.20$ M である。$K_{sp} = [Ag^+][Cl^-] = x \cdot 0.20 = 1.0 \times 10^{-10}$，$x = 5.0 \times 10^{-10}$ M

したがって，塩化銀のモル溶解度は 5.0×10^{-10} M である。

今度求めた AgCl の溶解度は例題 7-5 の溶解度の値と比較してはるかに小さいことがわかる。この共通イオン効果 (common ion effect) を利用すれば注目しているイオンの溶解度を低下させることが可能となる。

溶解度積は一種の平衡定数の式とみなすことができるので，温度の影響を受ける。また，pH の影響も強く受ける。金属イオンの沈殿のために硫化水素 H_2S を加える場合がある。次のような反応により硫化物を生じる。

$$Cu^{2+} + S^{2-} \rightleftarrows CuS （沈殿物） \tag{7-46}$$

また，pH が低いと H_2S は弱酸であるために解離が抑えられる。沈殿反応に必要な S^{2-}

の濃度が低下するので，CuS の沈殿量が減少する。このように溶解，沈殿といった簡単な処理でもいくつかの因子を考慮しなければならない。

【章末問題】

1. 反応式の係数を決定せよ。

    (1)　C_3H_8 ＋ O_2 ＝ CO_2 ＋ H_2O

    (2)　$Ca(OH)_2$ ＋ Cl_2 ＝ $Ca(ClO)_2$ ＋ $CaCl_2$ ＋ H_2O

2. シアン化水素 HCN の 0.010 M 水溶液の水素イオン濃度を求めよ。ただし，HCN の解離定数 $K_a = 4.0 \times 10^{-10}$ である。

3. (7.31) 式の $K_a \times K_b = K_w$ を導出せよ。

4. 0.020 M 酢酸の水素イオン濃度を求めよ。

5. Ag_2CrO_4 の飽和水溶液における銀イオン，クロム酸イオン，及び Ag_2CrO_4 のモル溶解度を計算せよ。ただし，Ag_2CrO_4 の溶解度積は $K_{sp} = 1.9 \times 10^{-12}$ である。

8　工業製品と化学

　私たちは，気づかないうちに化学から多くの恩恵を受けている。すぐ手元にある携帯電話を例にとれば，これはまさに最新科学の成果のかたまりと言ってよい。そのほか液晶テレビ，パソコン，デジタルカメラなどいずれも化学の発展があって初めて製品となったものである。本章では携帯電話を構成する液晶ディスプレイ，バッテリー，集積回路基盤について説明する。

8-1　液晶ディスプレイ

　これまではブラウン管が表示画面として使われてきたが，小型化が難しいためとても携帯電話に使用できない。液晶ディスプレイは薄くて軽く，まさに携帯電話が求めていた技術である。さて，液晶ディスプレイの基本的な構造を図8-1に示す。

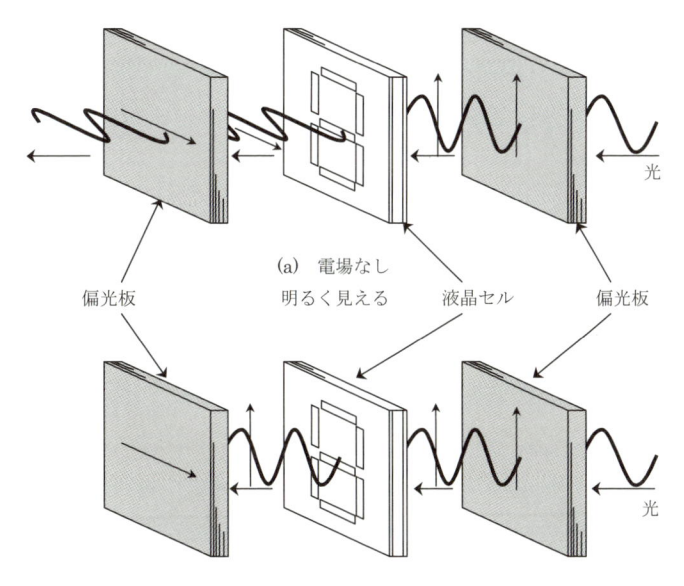

(a) 電場なし
明るく見える
偏光板　　液晶セル　　偏光板　　光

(b) 電場印加
電場がかかっている部分のみ光は偏光
板を通過できないので黒色に見える

図8-1　液晶ディスプレイの基本構造
電気化学協会,『新しい電気化学』, 培風館（1984）

8-1-1 液　　晶

有機分子には液体のような流動性を持ちながら，規則的にある一定の方向に並んだ状態になるものがある。これは，液体と固体の結晶の性質をあわせ持ち，液晶（liquid crystal）と呼ばれ，図8-2に示すように並び方として3つの形式が知られている。スメクチック液晶は分子の方向と位置がそろっており，ネマチック液晶は分子が方向だけがそろったものであり，コレステリック液晶は方向がそろった分子がらせん状に重なっている。ネマチック液晶の代表的な分子を図8-3に示す。このような液晶の並びは，光の透過性と関係し，温度，圧力，外部電圧により簡単に影響され，並び方をかえる。

8-1-2 ディスプレイ

互いの偏光面が直角に配置されている2枚の偏光板に上から光を入射しても下に光は透過しない。この偏光板の間にネマチック液晶を置くと，入射した光は液晶分子によって偏光面が直角に回転させられるので下の偏光板から光が透過してくる。ところが，この2枚の偏光板に直流電圧を印加すると，液晶は電場に沿って配向する状態に変化する。こうなると液晶は偏光面を回転しなくなり，光は下の偏光板を通過できなくなる。このような表示素子を組合わせたものが液晶ディスプレイである。これはわずかな電圧を印加するだけ

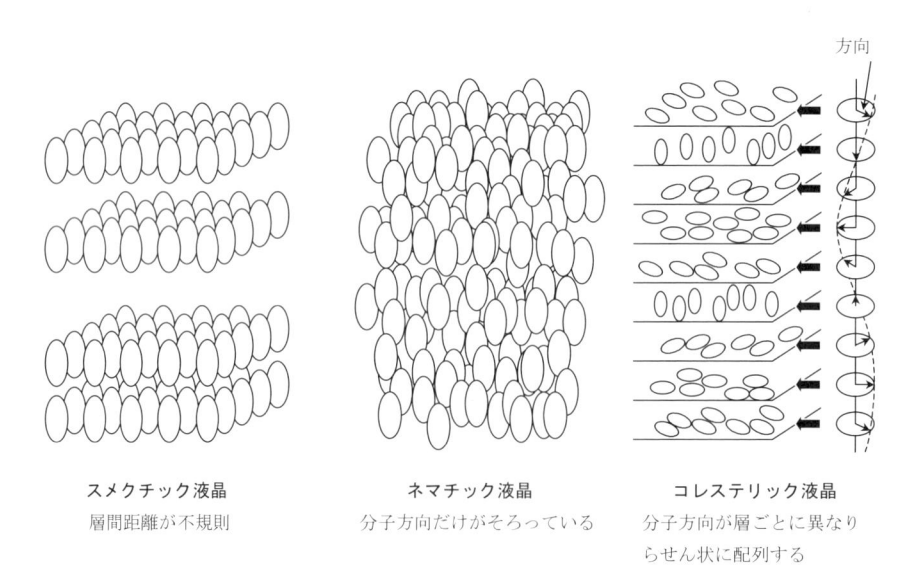

スメクチック液晶　　　　　　ネマチック液晶　　　　　　コレステリック液晶
層間距離が不規則　　　　　分子方向だけがそろっている　　分子方向が層ごとに異なり
　　　　　　　　　　　　　　　　　　　　　　　　　　　　らせん状に配列する

図8-2　液晶の構造

名　　称	化 学 構 造	液晶温度範囲℃
4-メトキシ-4'-n-ブチル-ベンジリデンアニリン（MBBA）	H_3CO—⟨ ⟩—$\underset{H}{C}{=}N$—⟨ ⟩—C_4H_9	21～48（ネマチック）
4'-n-ヘキシルオキシフェニル-4-n-ブチルベンゾアート	C_4H_9—⟨ ⟩—$\underset{}{\overset{O}{C}}{-}O$—⟨ ⟩—$OC_6H_{13}$	29～50（ネマチック）

図8-3　ネマチック液晶を示す分子

で様々な表示が可能であり，電力消費量が低いという特性がある。すでにテレビを始めとする様々な表示画面として広く普及している。最近では，有機エレクトロルミネッセンスに基づく新しい技術が実用化され，薄型テレビへの応用などで急速に利用範囲を拡大している。

8-1-3　開発の歴史

1963年米企業の研究者が液晶に高い電圧をかけると白濁することを発見し，ディスプレイを試作している。しかし，この技術は応答速度，寿命，作動温度などについて問題点が多く実用化にはほど遠いものであった。このテレビ報道を見た日本の企業研究者は，液晶技術の将来性を感じ取り，1971年に米企業とライセンス契約して，自社開発に踏み切っている。わずか2年後には液晶電卓として実用化にこぎつけている。その間研究者には大変な困難が待ち受けていたと思われるが，よくぞ短期間に問題をブレイクスルーしたものだと感嘆する。液晶技術は，現在大きな産業に成長し，ますます大きな投資がなされている。

8-2　バッテリー

携帯電話の働きを可能にする，目立たないが優れものである。非常に軽量でありながら，たくさんの電気を溜めることができるリチウムイオン電池が使用されているのはご存知であろうか。この電池の出現が遅れていたらとても重い携帯電話を持つはめになり，ポケットやカバンに気楽に押し込めることができなかったであろう。

電池（cell）とは，化学反応を利用して電気エネルギーを取り出す装置である。初期の電池としてはボルタ電池が知られている（図8-4）。これは異なる金属板を電解液に浸すと連続的な電流を取り出せることをボルタ（A. Volta）は発見している（1800年）。しかし，最古の電池（バクダット電池あるいはホーヤットラップア電池，図8-5）は約2000年前のバクダットの遺跡（イラク）から発見された粘土の壺といわれているが，そんなに古く

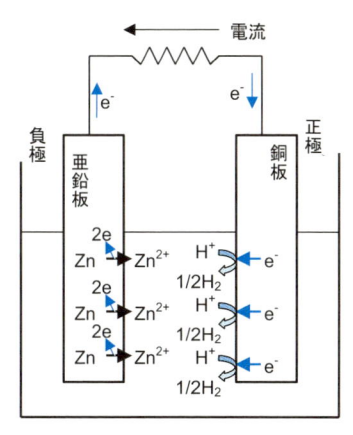

図8-4　ボルタ電池

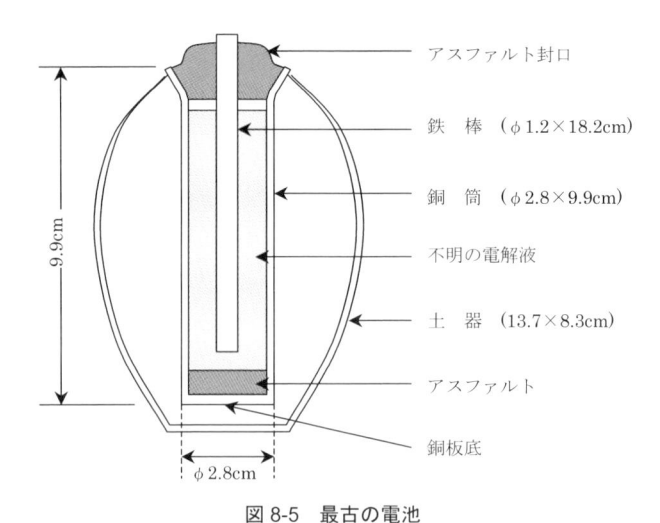

	アスファルト封口
	鉄　棒（φ1.2×18.2cm）
	銅　筒（φ2.8×9.9cm）
	不明の電解液
	土　器（13.7×8.3cm）
	アスファルト
	銅板底

図 8-5　最古の電池
電気化学協会編,『新しい電気化学』, 培風館（1984）

からどのように使われていたのか想像すると楽しくなる。

8-2-1　電池の原理

電気はどのようにして取り出せるのだろうか，その原理を見てみよう。ボルタの電池では2つの異なる金属板が電解質溶液に浸されており，電極は電線で結ばれている。一方の電極から金属イオンが溶け出し，電極内に残った電子は外部の電線を通って他方の電極で水素イオンの放電のために消費される。このように電池内では酸化反応（金属イオンの溶け出し）と還元反応（水素イオンの放電）が同時に起きている。つまり全体では次のような化学反応が生じている。

$$Zn + 2H^+ = Zn^{2+} + H_2$$

この時の化学反応エネルギーを電気エネルギーとして取り出すのが電池なのである。それぞれの電極では次のような反応が起きている。

亜鉛電極（負極）：　$Zn \longrightarrow Zn^{2+} + 2e$

銅　電極（正極）：　$2H^+ + 2e \longrightarrow H_2$

ここで，正極は電流が流れ出す（または電子が流れ込む）電極であり，一方，負極は電流が流れ込む（または電子が流れ出す）電極である。

8-2-2　リチウムイオン電池

リチウムイオン電池は，2次電池と呼ばれる充電可能な電池である。しかし，充電あるいは放電における反応は，これまでの電池と異なりリチウムイオンが移動するだけであり，リチウムイオンの還元反応によるリチウム金属は生じない（図8-6）。まず，充電時には，正極のコバルト酸リチウム（リチウムイオンとして存在）からリチウムイオンが移動して

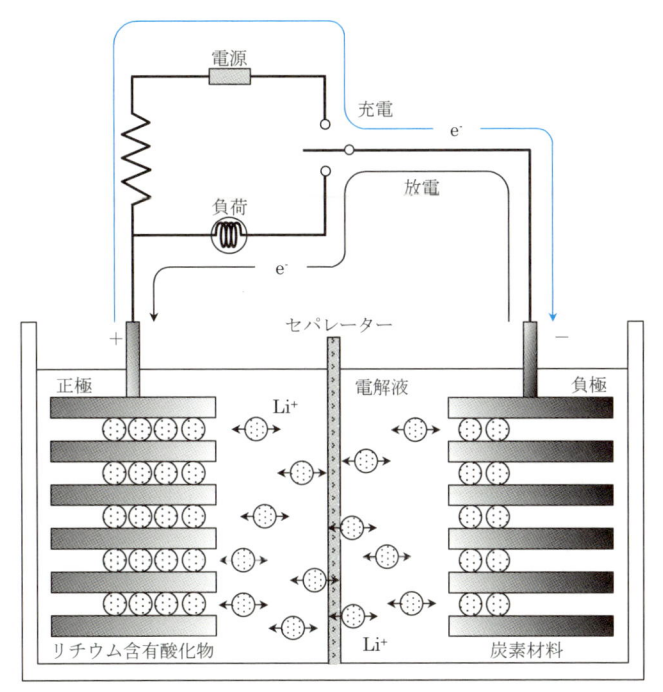

図 8-6 リチウムイオン電池の原理
西 美緒, 高分子, **44**, 68 (1995)

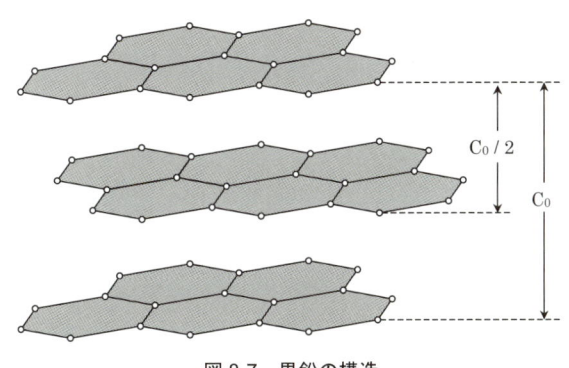

図 8-7 黒鉛の構造

負極の黒鉛の中に蓄えられる。黒鉛は図 8-7 に示すような層状構造をしており，その層間にリチウムイオンが入る。逆の放電時には，黒鉛中のリチウムイオンが再び正極に戻る。得られる電圧が高く（3 V），化学反応を伴わないため電池の安定性が高いなど多くの利点を持っている。現在，電池の容量や安定性を高める改良が進められている。一方，材料となるリチウム資源は限られており，価格は高騰している。そのためリチウムを使用しない新しい電池も研究されている状況である。

8-2-3 電池の構造

図 8-8 に示すように正極と負極の間にセパレーターをはさみこんだものを巻き構造に

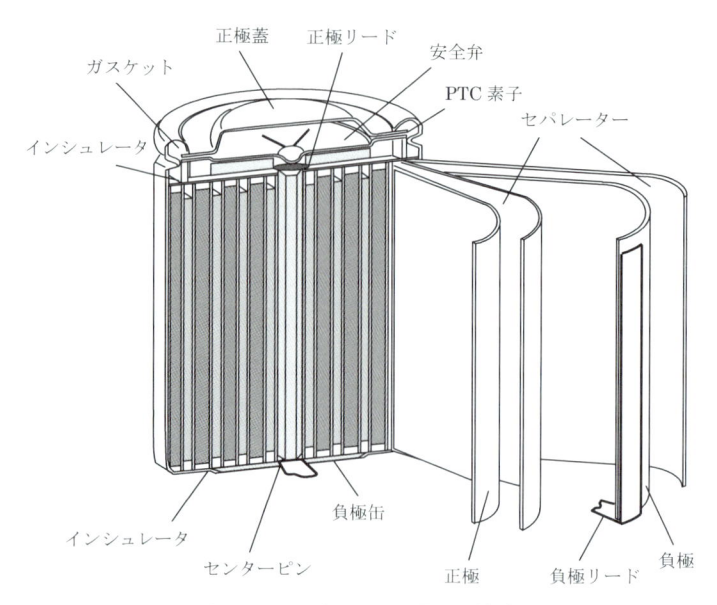

図 8-8　リチウムイオン電池の構造
西　美緒, *PETROTECH*, **18**, 1048 (1995)

してある．それらは電解質（例えば，$LiCF_3SO_3$，$LiClO_4$ など）を含む有機溶媒（例えば，ジエチルカーボネート）で満たされている．この電池には安全確保のため何重もの工夫がある．① 電池の温度があるレベルを超えると電気抵抗がほぼ無限大となる PTC 素子，② 電池内の圧力が高くなると変形して電流が流れなくなる安全弁，③ ショートにより温度が高くなると穴がふさがり絶縁膜となるセパレーターが使用されている．このように小さな電池はたくさんの知識と技術が詰め込まれていることがわかる．

8-3　集積回路（Integrated circuit, IC）

最後に，電気回路を驚異的に小型化することを可能にした集積回路について触れる．集積回路は，今日あらゆる電気製品のどこかに使用されている．純粋な薄いシリコンの板（ウエーハー）上に種々の電気部品（トランジスター，抵抗，コンデンサー）を作るためにミクロン以下の精度で加工してある．

8-3-1　シリコンウエーハーの製造

集積回路の材料となるウエーハーを作るためには単結晶シリコンが必要である．図 8-9 のように，るつぼ内の溶融しているシリコンに上から種結晶を接触させ回転させながらゆっくり引き上げる方法が採られており，これによって円筒状の純度の高いシリコン結晶を作ることができる．この結晶を薄く切った円盤状のシリコンがウエーハーなのである．

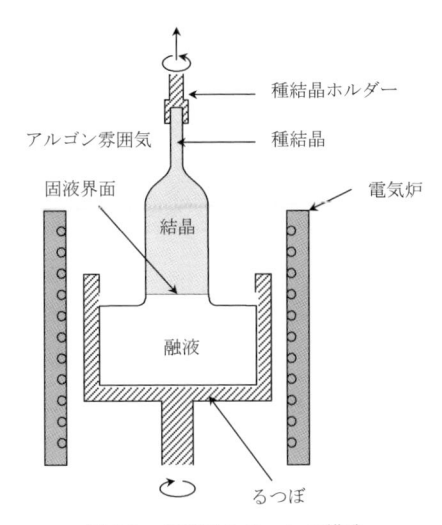

図 8-9 単結晶シリコンの構造
電気化学協会編,『新しい電気化学』, 培風館 (1984)

8-3-2 集積回路の作成

すべての電気部品をウエーハーのシリコンを材料にして化学反応を利用して作り上げる作業である。製造工程の一部を図 8-10 に示す。

1) n 型シリコン層作成：化学反応（$SiH_4 \rightarrow Si + 2H_2$）を利用して表面に薄いシリコン層を作り，その後不純物を加えて n 型とする。
2) 酸化ケイ素（SiO_2）層作成：酸素ガス中で過熱してシリコン層表面を酸化する。
3) フォトレジスト膜作成：フォトレジストの溶液を表面に塗布して乾燥する。フォトレジストは光照射により分解，あるいは高分子化して不溶となる性質を持つ有機化合物である。
4) 光照射：フォトレジスト上に細工したいマスクパターンを作成し，光を照射する。
5) 溶剤による現像：表面を溶剤で処理すると露光した部分のレジスト膜は溶解する。
6) 酸化ケイ素膜の除去：フッ化水素溶液で表面を処理するとレジスト膜のないむきだしの酸化ケイ素膜の部分は除去される。
7) レジスト膜の除去
8) p 型作成：加熱して臭化ホウ素 BBr_3 の蒸気を加えると n 型表面にホウ素が入り p 型が形成される。

これで PNP 接合のトランジスターができた事になる。必要に応じて類似の操作をさらに続けることにより何億個という微細な電気部品を同時に作成し，配線も同時に終了することができる。それらの各工程は化学反応を一つ一つ積み重ねているのが理解できたであろうか。

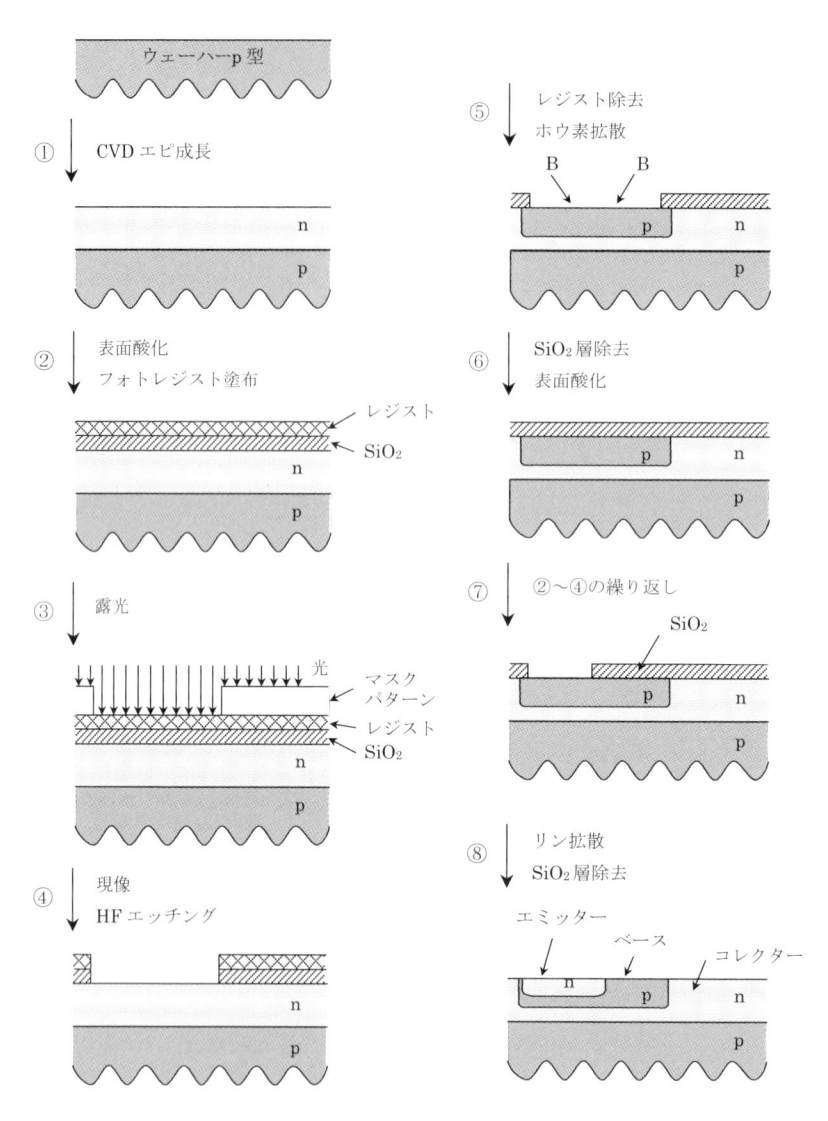

図 8-10 集積回路の製造工程
電気化学協会編,『新しい電気化学』, 培風館 (1984)

その他, ここでは取り上げなかったハイテク製品はまだまだたくさんある。それらの基本的な原理を学ぶことは非常に興味あるが, 本章はこのくらいで終りにする。

9 環境問題と化学

9-1 身近な環境問題

　人間の普段の営みは，時に極めて深刻，かつ，複合的な環境問題を引き起こす。例えば，フロンによるオゾン層破壊，温室効果ガスによる地球温暖化と海面上昇，さらには酸性雨の問題など，その例は枚挙にいとまがない。このような環境問題の多くは，地球が本来有する物質循環作用並びに自然浄化作用における許容量をはるかに超えた化学物質の局部集中に起因する。その最も身近で差し迫った問題の1つに，ゴミ問題があげられる。ゴミには，家庭や飲食業店から排出されるし尿や生活雑排水以外の一般廃棄物（urban waste，あるいは general waste）と工場などから出される産業廃棄物（industrial waste）に大別される（1970年「廃棄物の処理および清掃に関する法律」）。この章では，我々にとって深刻な影響を及ぼしつつある一般廃棄物に関する諸問題について概説する。

9-1-1 総合的な対策を求められるゴミ問題

　前節で述べた通りゴミは人間の活動に伴ってあらゆるフィールドから発生する。したがって，その対策は多様化せざるを得ない。特に最近では，燃やすことが適当かどうか，すなわち，燃やさずに資源として再利用できないか，燃やすことによって有害物質が発生する可能性はないか考慮すべきである。煤などの有機性物質からガラスや金属などの無機物質まで幅広い組成を持つ炉下灰（bottom ash）や飛灰（fly ash）の無害化法の開発・改良，あるいは，有効利用法も検討する必要がある。また，これらを埋め立て処理する際にも降雨による廃棄物中の無機成分の溶出挙動を検討しなければならない。このようにゴミ問題については，総合的な対応が求められていることがおわかり頂けると思う。

　さらに，経済コストを考慮しなければならない。すなわち，ゴミは捨てられるまでは有益な資源であったのだが，いったん廃棄されれば，それ以上の付加価値を持つ商品に再生させることは困難である。そのため，多くの自治体では，残念ながら，できるだけ安価で簡便に「廃棄する」方法，すなわちゴミの焼却処理が選択されている。また，一部の自治体では焼却処理を規制したことで不法投棄の問題など発生しているが，これらを解決するためにも今以上に冷静なるゴミの分別作業が必要となるであろう。

今後は，資源の循環利用が最大限に行われる資源循環システムの構築が不可欠である。そのためには，発生抑制（Reduce），再使用（Reuse），およびリサイクル（Recycle）を効果的に実践しなければならない。このような概念を頭文字のRをとって「3Rの原則」という。

9-1-2 ゴミに含まれる環境汚染物質

ゴミの再利用を難しくしている要因の1つは「ゴミの分別」の難しさがあげられる。ペットボトル，ダンボールなどの一部の紙類，及び一部のビン類やアルミ缶などは社会的協力体制が構築されているので資源の再利用が進んでいる。しかしながら，その現実はそれほど甘くない。例えば，ペットボトルの回収率は，平成9年は9.8％であったが平成14年には53.4％に達した（図9-1）。非常に高い回収率であるが，ペットボトルとして再利用されるものは意外と少なく僅か0.2％にも満たない（図9-2）。そのほとんどは繊維などに形

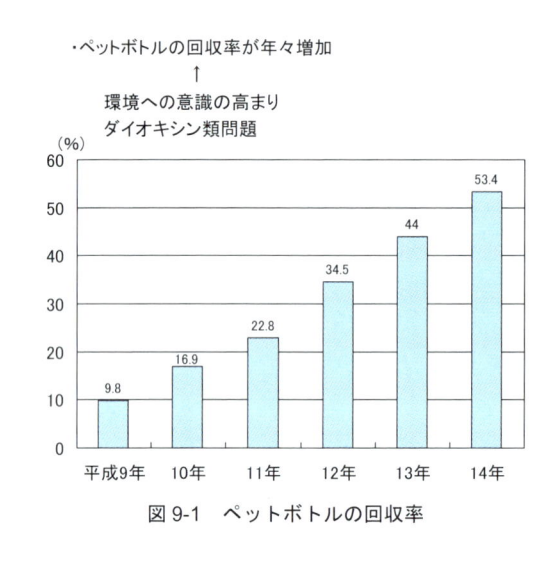

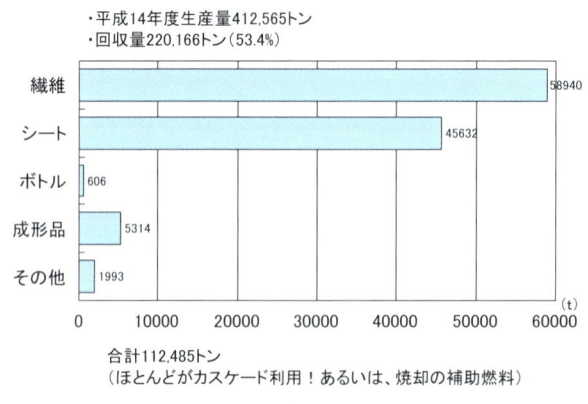

図9-1 ペットボトルの回収率

図9-2 ペットボトルの再商品化例

を変えている。このように原形と違う利用のされ方をカスケード（cascade）利用という。コスト面からの要求により，リユースされるよりもカスケード利用が優先されている。また，再利用とともに劣化がつきものである。したがって，商品として再利用ができなくなれば，最終的に熱利用（サーマルリサイクル：thermal recycle）される。

　繰り返し強調するが，このような資源回収システムは，短期的視点に立てば焼却処理より高コストであるため，大半のゴミはいまだカスケード利用されずに直接的に焼却処理されている現状がある。本来ならば，外国から輸入した資源を灰にしてしまうことはナンセンスであるが，経済的理由から，それらを再利用することよりも別に資源を輸入してあらたに製品を作ることが選択されている。

　では，せめてゴミの焼却灰には有益な活用方法がないのであろうか。結論から述べると，期待されるほどの資源化は進んでいない。その原因の1つに，ゴミ焼却時に発生するダイオキシン類（dioxins：略記 DXNs）の処理や重金属の高額な処理費が，再生製品のコストを上昇させていることがあげられる。また，ゴミについての負のイメージが，購買意欲をそぐことも理由の一因である。いままで以上に，いかに再資源化物の安全性が高いかを十分にアピールする必要がある。

9-2　ダイオキシン類の毒性

　DXNs は，人類史上，最も有毒な人工化合物群である。その基本骨格は，中央の環に2つの酸素原子をもつ6員環を形成しているものを塩素化ジベンゾ-p-ジオキシン類（CDDs），中央の環に1つの酸素原子を持ち5員環を形成しているものを塩素化ジベンゾフラン類（PCDFs），及び平面的な構造（共平面，コプラナー）を持つ塩素化ビフェニル（co-CBs）の総称である。図 9-3 にそれらの構造を示した。

　いずれも平面的な構造を持つ化合物である。各同族体の人体に対する毒性は塩素の置換位置や置換数によって異なる。したがって，毒性を定量的に評価するために，便宜上，各異性体の毒性を 2, 3, 7, 8 - TeCDD の毒性を基準にして，各異性体の毒性等価係数（TEFs, toxicity equivalency factors）を求めておき，次いで，その係数に各異性体の実測濃度を積算した相対的毒性の強さを毒性等価量（TEQ : toxicity equivalency quantity）とする。体重 1 kg のモルモットを例にとり半数致死量（lethal dose 50%，LD_{50}）で DXNs の毒性を評価すると，サリンに比べて2倍，青酸カリに比べて1000倍である。このような DXNs の毒性は子孫に影響する遺伝毒性と精子の減少など引き起こす生殖毒性がある。我が国でも DXNs に関する環境基準値が設けられており，大気（0.6 pg-TEQ/m^3 以下，年間平均値），水質（1 pg-TEQ/L 以下，年間平均値），土壌（1,000 pg-TEQ/g）が設定されている。1 pg（ピコグラムという）とは，10^{-12} g という極微量であり，概念的には，東京ドーム1000個の容積分の水に角砂糖1粒を薄めた程度の濃度をさす。

ジベンゾジオキシン類

2,3,7,8-TeCDD

一番毒性が高いのは，2,3,7,8-テトラクロロダイオキシン(2,3,7,8-TeCDD)

テトラクロロ→4つ(テトラ)の水素が塩素(クロロ)と置換。

2,3,7,8→その位置に塩素がある。

ジベンゾフラン類

2,3,7,8-TeCDF

ポリクロロジベンゾフラン(PCDF)は，ポリクロロジベンゾパラジオキシン(PCDD)の仲間。

ビフェニル類

4-CB

コプラナーとは「平面」という意味。

図 9-3　ダイオキシン類の構造

半数致死量は
1kg当たり0.6〜2.1 μg(マイクログラム)。
μgは10^{-6}gだから、0.0000006〜0.0000021g。

これだけの量で体重1kgのモルモットの半数が死ぬ。

他の毒性と比べると

2,3,7,8-TeCDDの半数致死量(モルモットの場合)は，

サリンの2倍
青酸カリの1000倍

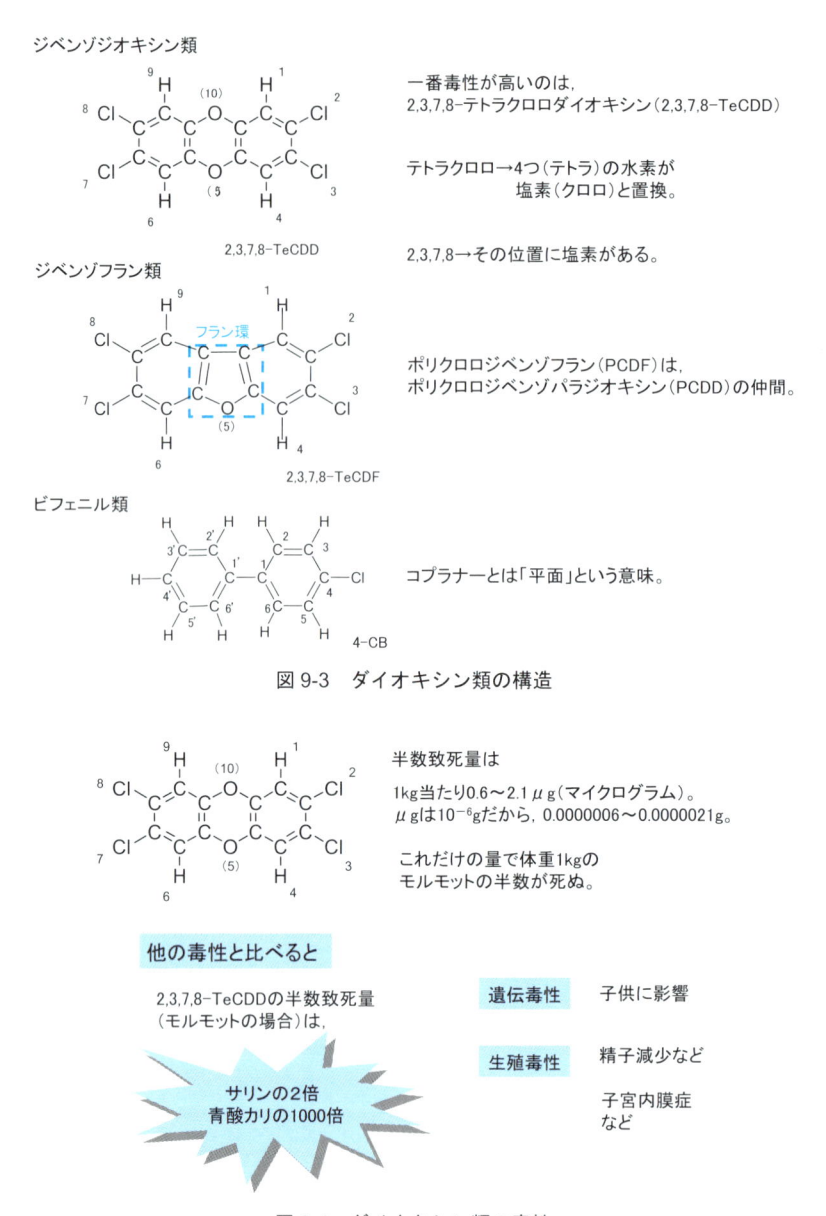

遺伝毒性　子供に影響

生殖毒性　精子減少など
　　　　　　子宮内膜症など

図 9-4　ダイオキシン類の毒性

9-3　ゴミ処理施設の現状

　DXNs 発生の現状は，約90％程度が一般ごみを含む廃棄物の焼却によるといわれている。焼却灰は，燃焼炉の下部に堆積する炉下灰（ボトムアッシュ：bottom ash）と微細化した飛灰（フライアッシュ：fly ash）に大別され，DXNs 発生を抑えるために各処理工程で様々な工夫がなされている。この節では，それらの取り組みについて紹介する。

9-3-1 焼却炉内でのDXNs発生のメカニズム

例えば，燃焼炉については約800℃以上の高温に炉内を保つように，流動床式や回転ストーカ式などの燃焼炉が研究開発された。炉内の燃焼温度が500℃から300℃になると結晶化した微小の金属粒子が触媒となり，焼却残渣の煤とゴミから供給された塩素などがDXNsを再合成する。この現象をデノボ合成（$de\ novo$ synthesis）という。塩素源は有機塩素化物でも無機塩化物でもよい。このような焼却炉内でプロセスを経て発生したDXNsの大部分はフライアッシュに含まれているので，バグフィルター（bag filter）と呼ばれる最新のフライアッシュ分離技術で除去される。分離した焼却飛灰中DXNsは，還元雰囲気下で加熱処理を行って無害化を行う。しかしながら，DXNsの一部は，フィルターに捕捉されずに気相中へ拡散する。そこで，次に，バナジウムなどを触媒としたハニカム式のDXNs分解触媒等が準備される。これらの過程でDXNs発生量の99％以上は除去される。さらに，排ガス中の微量のDXNsは活性炭で吸着処理を施すことで，幾重ものDXNs発生抑制・除去システムで環境に配慮したゴミ処理への取り組みがなされている。

9-3-2 最新のゴミ処理施設

従来は焼却炉での燃焼方式によるゴミの減容化ならびに有害物質（例えば，重金属類やダイオキシン類等）の無害化が検討されていた。しかしながら，この手法では燃焼によって発生する熱量は有効に利用されておらず，また，含塩素化合物の燃焼によって生じる極めて有毒なダイオキシン類（DXNs）が発生する問題に十分に対応できていなかった。

そこで，最近，ゴミ固形化燃料（Refused Derived Fuel）によるゴミ処理が大変注目されている。RDFのメリットは，ごみ処理と発電が同時に行えること，DXNsの低減化が可能であること，乾燥し減容化が可能であること，乾燥により悪臭や腐敗臭の発生を抑制できること，輸送や貯蔵が容易であることなどがあげられる（図9-5）。ここでは，燃焼温度などのコントロールが容易で，かつ，DXNs発生抑制に効果的な大型焼却炉（100 t

図9-5 最新鋭の設備〜RDF

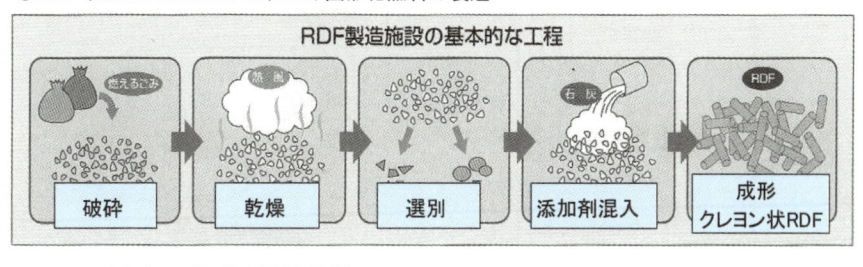

／日以上）について説明する。

クレヨン状のRDFは，① 燃えるごみを細かく破砕，② 乾燥，③ 燃えるごみの選別，④ 生石灰の混入，⑤ 成形によって製造される。先に述べたように，RDFは生ごみやプラスティックの燃焼処理に応用されている。生ごみは，乾燥後も約10%程度の水分を含んでおり燃焼に不利となる。そこで，プラスティックを混合してRDFの熱量（6,000 kcal/kg→添加後12,000 kcal/kg）を上げる作業を行う。しかしながら，プラスティックの混合はDXNsの発生を引き起こす可能性がある。そこで，乾燥を補助し，かつ，DXNsの発生を抑える目的で，生石灰（CaO）を混合する。すなわち，CaOはRDF中の水分を吸収して$Ca(OH)_2$になる際の大きな発熱エネルギーを利用して乾燥を助け，また，カルシウムは炉内の塩素（Cl）を捕捉して塩化カルシウム（$CaCl_2$）を生じるためにDXNsの発生を抑制する。

回収された焼却灰中に含まれるDXNsは，還元雰囲気下，350℃付近の高温で30分間程度加熱処理を行うハーゲンマイヤー法などによりDXNs含有率を低下させて，次いで，1300℃程度の加熱処理による溶融固化法などにより，さらに高度に無害化，あるいは，ガラス状溶融物に閉じ込めることでDXNsの環境中への拡散を抑える対策を行っている。

9-3-3 RDF施設の課題

前節までは，RDFは非常に優れたごみ処理施設のイメージが先行しているが，しかしながら，残念なことに，このメリットが疑われる事態が発生した。それは生ごみを含んだRDFが貯蔵タンク内で発熱する際に，メタンガスが発生して爆発事故を起こしたのだ。M県のRDF施設で発生した爆発事故の一因ではないかと考えられている。次に，大量の焼却残渣が発生することだ。CaOの混入はDXNsの抑制などには欠くことができないが，ごみの発生量を増す直接的な原因を招いている。このような技術的デメリットを，今後早期に解決して，さらに安全性の高いRDF施設を目指すことが望まれる。

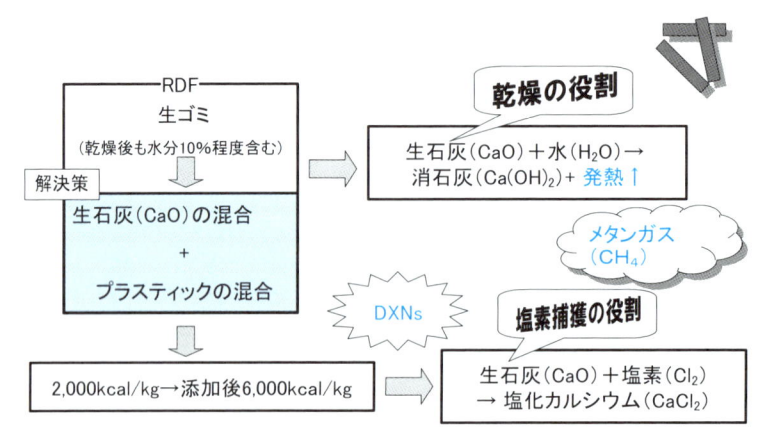

図9-6　RDFの問題点

設備費が非常に高額
RDF製造（乾燥、造粒等）工場＋焼却炉（DXNs無害化装置）
＝ 約350億円

高いランニングコスト
（焼却場運営に高額な費用がかかる）
＝ 約3万円 ／ 飛灰1t
焼却場 ： 常に高温（850℃以上）を保つ
DXNs無害化装置 ： 高温環境・還元雰囲気下

設備の一部を地域ごとに配置し、リスクとコストの分散を図る

図 9-7　RDF 処理のコスト

　また，コストの面では，設備費が非常に高額である。導入される装置にもよるが，施設全体で約 350 億円程度の設備投資費が必要になる。一自治体で負担するのは難しいため，国からの補助金を獲得した上で，施設を周辺の自治体で分散設置しているケースがほとんどである。この場合，分散設置による運搬費，高温の燃焼炉の維持，高額な DXNs 無害化装置の特殊な運転条件の維持や最新設備のメンテナンスなどのために高いランニングコストを必要とする。

　このような現状のため，今後は，DXNs 処理効率を維持しつつ，安全で，さらなる省エネルギー式の無害化技術の開発が望まれている。

9-3-4　焼却飛灰の資源化技術

　1 日のゴミ処理量が 30 t 程度の中型炉焼却炉については，重金属の処理方法としてキレート処理法が一般的に行われている。本方法は，処理の簡便さやコストの面で優れている。他方，100 t 程度の大型焼却炉については，前節で説明した手法により含有 DXNs などを無害化した後に重金属も固定化する方法が採用されている。いずれにしても，管理型処分場の余裕度が少ないため，廃棄は今後最小限に控えたい。

　以上の理由で，焼却灰の資源化に関する研究は精力的に行われている。例えば，レンガなどの建材の原料やセメント材料に添加されている。最近では，特に，強いアルカリ水溶液中で加熱処理することによって，焼却飛灰をゼオライトと呼ばれる多孔質物質に変換する研究が盛んに行われている。多孔質の物質は，その細孔内への吸着・脱着を行うことができるため，無機成分を高度に機能化することが可能となる。今後の研究の進展が待たれる。

10 生命と化学

生命の様々な働きは驚かされるところが多いが，その働きを解明するときは化学の知識があってはじめて理解できる。基本構成分子からなるペプチド，タンパク質そして DNA のおおまかな構造と働きを理解しよう。

10 – 1　アミノ酸

生命活動で様々な働きをするタンパク質（protein）の最小部品となるアミノ酸（amino acid）について説明する。アミノ酸の構造は図 10-1 のように，中心炭素（α-炭素）のまわりにカルボキシル基，アミノ基，側鎖（R），水素原子の 4 つが結合している。側鎖の部分が変わるだけで種類が異なるアミノ酸となり，20 種類（表 10-1）がある。それぞれのアミノ酸の省略名として 3 文字および 1 文字表記を記憶しておくと便利である。

重要なアミノ酸の性質についてアラニンを例に説明する。図 10-2 に示すように置換基の空間的な配置により，右回り（D 体）と左回り（L 体）の 2 種類があることに気付く。両者は互いに重ねることができない。しかし，D 体と L 体の物理的な性質は全く同じである。ただ，光学的な性質のみが異なるので，両者は光学異性体と呼ばれる。アミノ酸はタンパク質を作るときの大切な材料であるが，不思議なことに生体中のタンパク質のほとんどが L 体である。しかし，グリシンだけは中心炭素に水素原子が 2 つ結合しているので D 体，L 体の区別は存在しない。タンパク質中では，アミノ酸の性質（例えば，親水性，疎水性）が巧みに利用されている。

一般の有機化合物は水よりも有機溶媒に溶けやすい。しかし，アミノ酸はイオン性の化合物であるため有機溶媒より水に溶けやすい（図 10-1）。そのイオンの状態は pH によっ

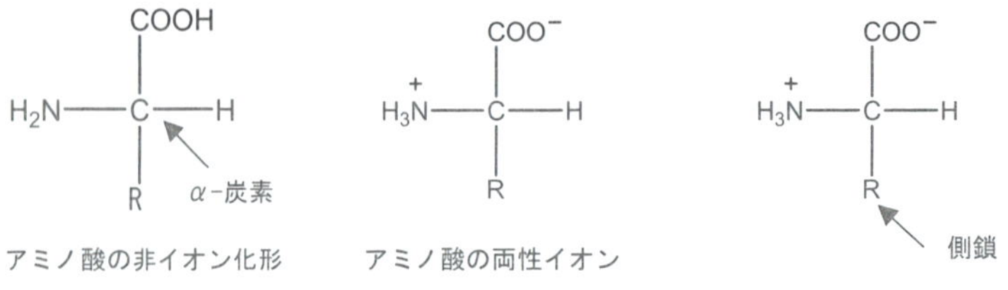

図 10-1　アミノ酸の構造

L－アミノ酸　　　　　　　　D－アミノ酸

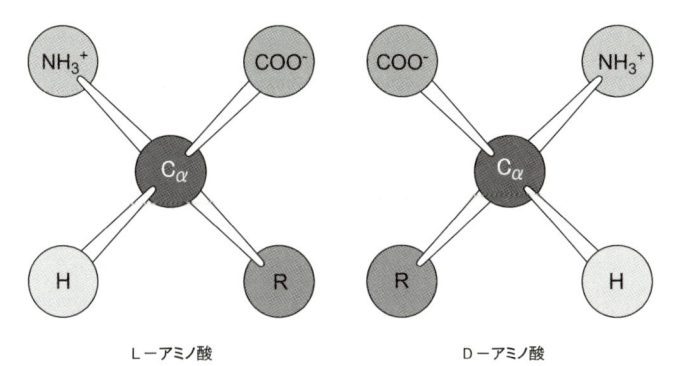

図 10-2　アミノ酸の光学異性体

表 10-1　種々のアミノ酸

名称	構造	略号 3文字	略号 1文字
グリシン glycine	H_2NCH_2COOH	Gly	G
アラニン alanine	$CH_3CHCOOH$ | NH_2	Ala	A
バリン valine	H_3C $\textbackslash$ CHCHCOOH / | H_3C NH_2	Val	V
ロイシン leucine	H_3C $\textbackslash$ CHCH$_2$CHCOOH / | H_3C NH_2	Leu	L
イソロイシン isoleucine	CH_3 | $CH_3CH_2CHCHCOOH$ | NH_2	Ile	I
トリプトファン tryptophan	(indole)-$CH_2CHCOOH$ | NH_2	Trp	W
フェニルアラニン phenylalanine	(phenyl)-$CH_2CHCOOH$ | NH_2	Phe	F
チロシン tyrosine	HO-(phenyl)-$CH_2CHCOOH$ | NH_2	Tyr	Y
セリン serine	$HOCH_2CHCOOH$ | NH_2	Ser	S
トレオニン threonine	OH | $CH_3CHCHCOOH$ | NH_2	Thr	T
システイン cysteine	$HSCH_2CHCOOH$ | NH_2	Cys	C
メチオニン methionine	$CH_3SCH_2CH_2CHCOOH$ | NH_2	Met	M
プロリン proline	(pyrrolidine-NH)-COOH	Pro	P
アスパラギン asparagine	$H_2NCOCH_2CHCOOH$ | NH_2	Asn	N
グルタミン glutamine	$H_2NCOCH_2CH_2CHCOOH$ | NH_2	Gln	Q
アスパラギン酸 aspartic acid	$HOOCCH_2CHCOOH$ | NH_2	Asp	D
グルタミン酸 glutamic acid	$HOOCCH_2CH_2CHCOOH$ | NH_2	Glu	E
アルギニン arginine	$H_2NCNH(CH_2)_3CHCOOH$ | | NH NH_2	Arg	R
リジン lysine	$H_2N(CH_2)_4CHCOOH$ | NH_2	Lys	K
ヒスチジン histidine	(imidazole)-$CH_2CHCOOH$ | NH_2	His	H

て異なり，中性水溶液では正負の 2 つのイオンになり，酸性および塩基性水溶液中ではそれぞれ正および負のイオンとなっている。

10-2 ペプチドとタンパク質

　生体中ではアミノ酸を材料として様々なタンパク質が組み立てられている。アミノ酸のアミノ基ともう一方のアミノ酸のカルボキシル基から水がはずれて，ペプチド結合（図10-3）を形成する。アミノ酸は長く連なり，線状のペプチド鎖になる。通常は枝分かれの構造はなく，鎖中のアミノ酸を残基という。ペプチド（peptide）がさらに長くなり，アミノ酸が 70 個以上結合するとタンパク質と呼ばれる。タンパク質は，分子内で相互作用（水素結合，疎水的相互作用）して特定の形になり，機能を発揮するようになる。

10-2-1　ペプチド

　アミノ酸が数個から数十個つながったペプチドは，生理活性を持つようになる。例えば，短いものでは鎮痛作用のあるエンケファリン（5 個），長いものでは血糖低下作用のあるインシュリン（51 個）があげられる。ペプチド鎖を表示する時は，アミノ基末端（N 末端）を左に置いて順番にカルボキシル末端（C 末端）まで構成アミノ酸を記載する。エンケファリンの配列を図 10-4 に示す。

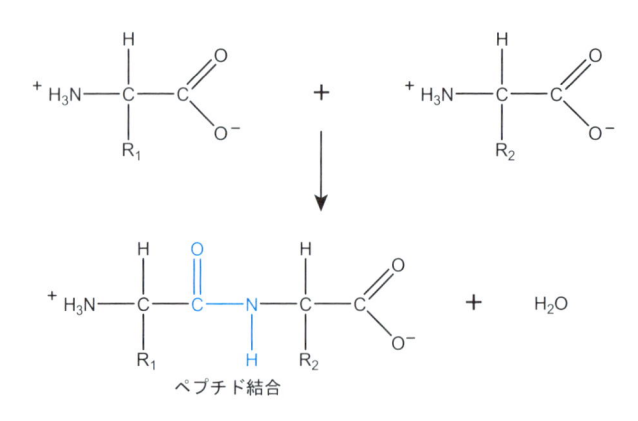

図 10-3　ペプチド結合の生成

Try-Gly-Gly-Phe-Met

図 10-4　エンケファリンのアミノ酸配列

ペプチドは化学合成することができる。その手法は，アミノ酸を材料として積み木をする化学反応そのものである。

10-2-2 酵素

酵素（enzyme）は触媒機能を持ったタンパク質であり，生体中の穏かな条件でも反応が十分進行するように加速する働きがある。生命活動には多くの反応を伴うが，それらの反応には特別な酵素が膨大な数用意されている。例えば私たちが食事をすると唾液ではデンプンを分解するアミラーゼ，胃ではタンパク質を分解するペプシン，肝臓では脂肪を分解するエステラーゼなどが活躍する。

多くの酵素の中で，100個程度のアミノ酸が連なったリゾチームを例に説明しよう。リゾチームは卵白や唾液などに広く分布し，細菌を溶解させる作用がある。リゾチームの立体構造を図10-5に示す。図中の青色の個所は，酵素分子の割れ目にあるが，この場所こそ基質をみわけて捉え，常温で加水分解する酵素活性の部位である。さて，リゾチームはどうして常温で，しかも決まったところを加水分解できるのだろうか。それには酵素反応の中身を理解する必要がある。まず反応物と結合（ステップ1），分解（ステップ2），解離（分解したものを放出，スッテプ3）の3段階からなる。このとき何が起こっているのか。酵素は水素結合を利用して反応物の特定の部位と結合するが，これは「鍵」と「鍵穴」の関係にたとえられる（図10-6）。驚くべきことにこの結合の段階では，分解しやすいよう

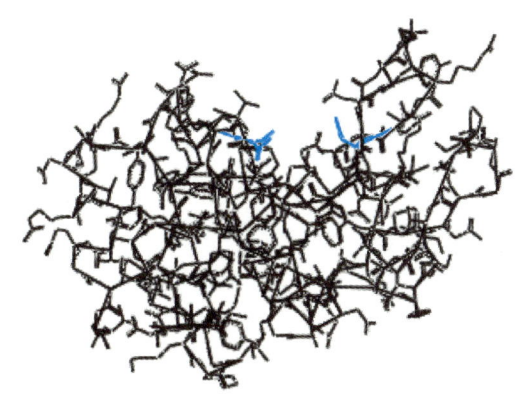

図 10-5　リゾチームの立体構造

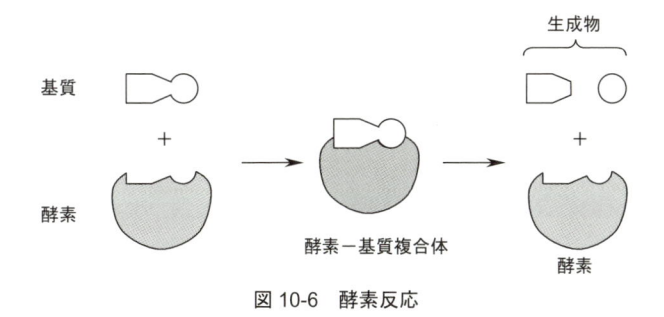

図 10-6　酵素反応

に酵素自身と反応物にひずみが生じる。反応物の歪みにより反応の活性化エネルギーは低下し，次の段階では，結合部位の近くの反応部位で効果的に反応を起こさせる巧妙な仕掛けが用意されている。その結果，酵素が存在しないとほとんど進行しない反応が，酵素により加水分解が何百万倍も加速される。最終的に，加水分解された生成物は酵素との結合力は低いので放出される。引き続き新しい反応物と結合するといったサイクルを何度も繰り返すことができる。酵素反応はまさに化学反応そのものであり，機能の理解には化学の知識は欠かせない。

10-2-3 タンパク質の構造

タンパク質は酵素作用や生理活性作用などの高度な機能を持っているが，その特有の構造によることが明らかとなっている。たんぱく質の構造は平面的なアミノ酸配列（amino acid sequence）と呼ばれる一次構造から四次構造まである。

1) 一次構造：基本的なアミノ酸配列である。
2) 二次構造：局所的なポリペプチド鎖の立体的な構造であり，コイル状のα-ヘリックスや何本かの鎖が寄り添った山形のひだ状のβ-シート構造がある（図10-7）。ここでは，ペプチド鎖中のCO基とNH基間の水素結合が重要な役割をしている。
3) 三次構造：2次構造のペプチドがさらに折りたたまれた構造をいう。構造間の水素結合，イオン結合，疎水結合など多くの相互作用の結果安定化されている。
4) 四次構造：三次構造のタンパク質が数個会合してはじめて機能を発揮するタンパク質もある。この立体的な会合を四次構造と呼び，この場合も様々な相互作用によるも

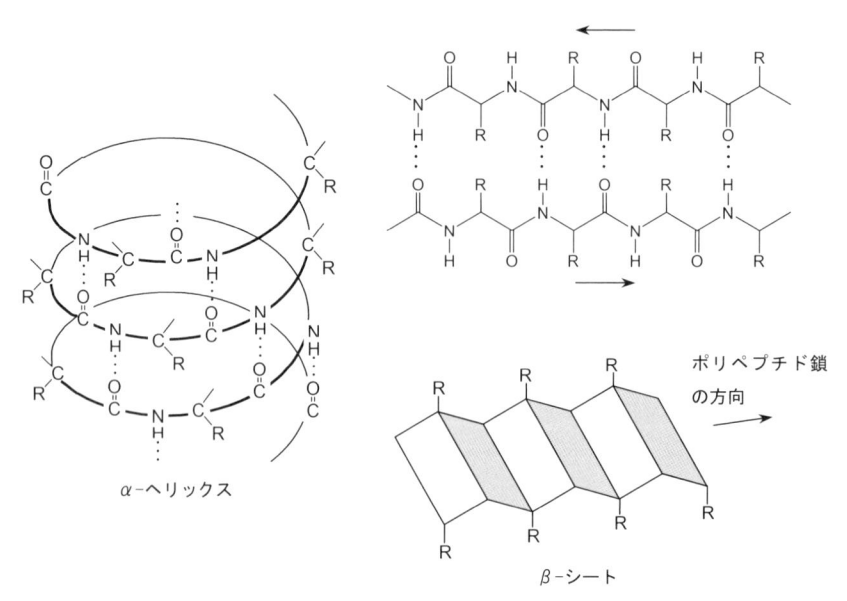

図10-7 α-ヘリックスとβ-シート

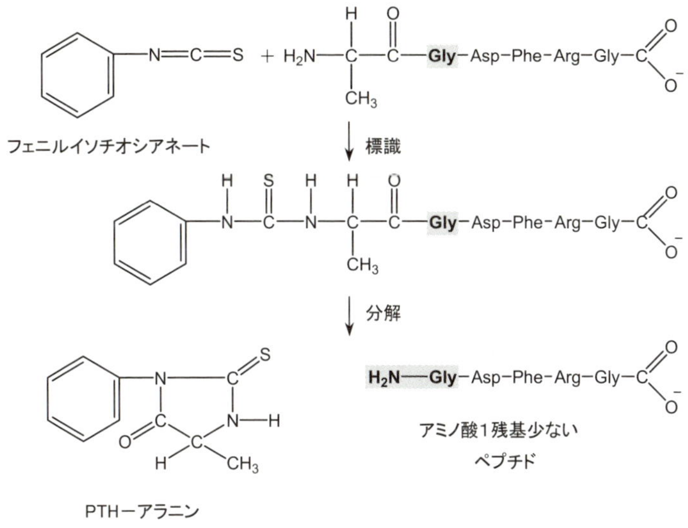

10章 生命と化学

図 10-8 アミノ酸の配列決定法

のである。
以上のようにタンパク質の特異な構造形成には分子間の相互作用が非常に重要であることが明らかである。

10-2-4 タンパク質のアミノ酸配列の決定法

タンパク質の働きを調べるには，これを構成しているアミノ酸がどのように結合しているか，すなわちアミノ酸配列を決定することが不可欠である。

(1) 構成アミノ酸の種類と数の決定

調べようとするタンパク質を塩酸で完全に加水分解し，アミノ酸にする。これらについて高速液体クロマトグラフを用いて定量すると，アミノ酸の種類と数がわかる。

(2) アミノ酸配列の決定

タンパク質にフェニルイソシアナートを反応させた後，酸で加水分解するとN末端アミノ酸が切断される（図10-8）。この生成物を分析するとアミノ酸の種類がわかる。これを繰り返すことによりN末端から順に1個ずつアミノ酸の種類を決めることができるので，最終的に全体の配列を明らかにすることができる。これはまさしく有機化学そのものである。

10-3　DNA（デオキシリボ核酸）

生命の遺伝情報の担い手であるDNA（deoxyribonucleic acid）はらせん構造という不思議な形をしている。クリックとワトソン（当時24歳）は半世紀ほど前にその構造を解明し，

1962年に医学・生理学ノーベル賞を受賞している。生命はどうしてそのような構造を選んだのであろうか。

10-3-1 ヌクレオチド

核酸の一種である DNA はヌクレオチド（nucleotide）と呼ばれる基本単位で構成されている。このヌクレオチドは塩基，糖，リン酸の3成分が結合したものである（図 10-9）。糖はリボースの水酸基が1つ少ないデオキシリボースである。塩基には4種類があり，それぞれアデニン（adenine, A），グアニン（guanine, G），シトシン（cytosine, C），チミン（thymine, T）と呼ばれ，遺伝情報の暗号となる。4種類の文字では少ないと思われるかも知れないが，コンピューターでさえも0と1のわずか2文字で膨大な情報を記憶している。

さて，このヌクレオチドの注目すべき性質として，その塩基は特定の塩基と互いに水素結合し，しかもその相手は特定の塩基である。グアニンはシトシン（2個の水素結合）とアデニンはチミン（3個の水素結合）と水素結合する。

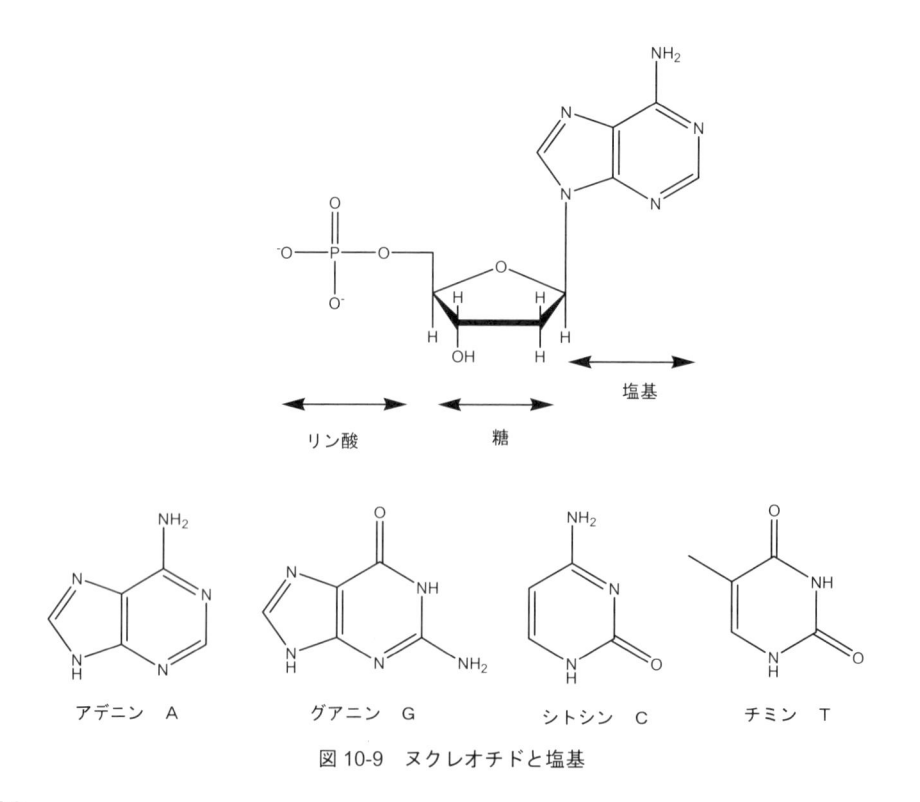

もう1つの重要な核酸としてリボ核酸（RNA）がある（図 10-10）。そのヌクレオチドの糖はリボースであり，上記4塩基のうちチミンの代わりにウラシル（uracil, U）を用いる。DNA の情報をタンパク質合成へと伝達していく時 RNA が必要となる。

図 10-9　ヌクレオチドと塩基

10章　生命と化学

図 10-10　リボ核酸とウラシル

10-3-2　DNAの構造

4種類のヌクレオチドはリン酸と糖で結ばれているが，それらの結合順序に遺伝情報が込められている。結合順序は塩基配列といい，タンパク質をどのように作るかの指示が書いてある。人のDNAには約30億のヌクレオチドが結合している。そのDNAはコンパクトに折りたたまれて46本の染色体を構成している。

さて，DNAの構造はどのようになっているのだろう。DNAは2本の鎖からなり，二重のらせん（double helix）構造をとっていることがX線解析の結果から明らかとなっている（図10-11）。非常に特異的な構造であり，2本の鎖はヌクレオチドの塩基の特定相手と

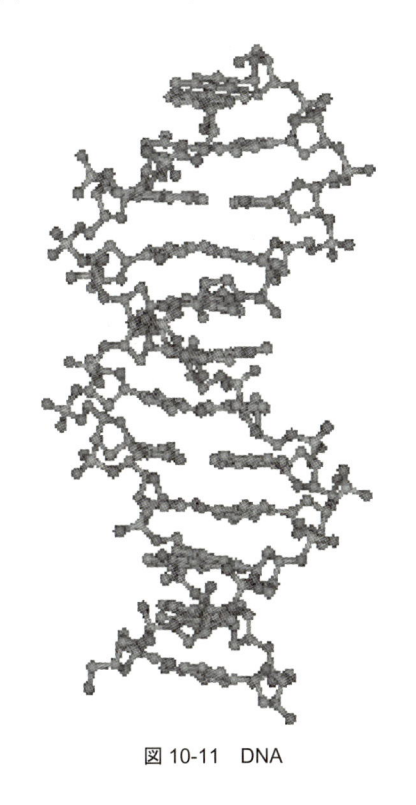

図 10-11　DNA

の水素結合により構造を維持している。一方，この構造のリン酸部位は負電荷を持ち，互いに静電的な反発力が生じるが，ナトリウムイオン Na^+ やマグネシウムイオン Mg^{2+} が結合し，電荷は中和されている。このようにして安定化されたらせん構造により大切な遺伝情報を持つ塩基は DNA の内部に向き合い，外部の影響から保護され，保持されている。しかし，塩基の水素結合は弱いために必要な時に切断され，情報を取り出せるよう巧妙にできている。DNA の二重らせん構造はワトソンとクリックにより 1953 年に発表された。この成果は遺伝子の機能が分子レベルで理解できる道を切り開いた画期的なものであった。

10-3-3　DNA の働き

　DNA は自分のコピーが必要なときは二重らせんがほどけるようになっているので，柔らかい構造であると考えることができる。また，DNA 塩基配列の一部は遺伝情報として RNA に写し取られ（転写），この RNA がタンパク質の設計図となる（図 10-12）。この時連続した 3 つの塩基が特定のアミノ酸を指定することになる。例えば，UUU，AAA，CCC はそれぞれフェニルアラニン，リシン，プロリンに相当する。

　生命は，生物化学や生命科学によりその神秘が次第に明らかにされてきている。生物の情報はデオキシリボ核酸（DNA）を通して受け継がれ，この DNA は無数のタンパクを作り出すことによりその機能を発揮する。これらの複雑な働きをする物質は特別なものではなく，分子レベルでながめることによりその働きを説明することができる。

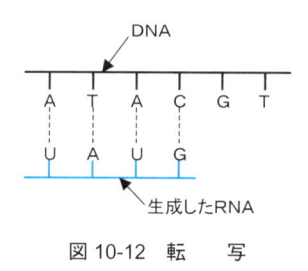

図 10-12　転　　写

　以上説明したように生命活動を厳密に説明するには化学の知識は必須であることがご理解いただけたであろうか。将来，先端的な科学である生命科学あるいはナノテクノロジーの研究をしたい方は，基本からその課題を見つめることが必要である。本書を足がかりに基本となる化学をさらにレベルアップされることを勧めたい。

付録1　有効数字

　有効数字とは，測定値として得られる信頼できる確かな数字である。有効数字の桁数が多いほど精度の高い数値を意味する。例えば，3.4 m と 3.46 m では，前者の有効数字は2桁，後者は3桁である。後者がより高い精度の数値である。最後の桁はもう1つ下の桁を四捨五入しているので誤差を含む数字である。有効数字の異なる数値同士の計算をしたとき，得られ数値の有効桁数は，有効桁の最も少ない数で決まるので，不必要に多くの桁数を並べてはいけない。有効数字に対する配慮が足りないと数値そのものの信頼性が疑われる。四則計算の例を見てみよう。

(1)　足し算，引き算（加減）の計算

$$2.57 + 6.8245 + 8.393 = 17.7875$$

この足し算では，小数点以下の有効桁数が最も小さいのは 2.57 の 2 桁であるので最終的な数値も 2 桁となる。したがって，小数点以下 3 桁目を四捨五入して 17.79 とする。

$$5.849 - 0.62 = 5.229$$

小数点以下の桁数が少ない方は 0.62 の 2 桁であるので，3 桁目を四捨五入して 5.23 となる。

(2)　掛け算，割り算（乗除）の計算

$$6.7 \times 7.12 = 47.704$$

各数値の有効桁数をみると，小さい方は 6.7 の 2 桁なので 3 桁目を四捨五入して 48 とする。少し複雑な計算を示そう。

$$5.378 \times 6.32 \div 2.8356 = 11.9865$$

有効桁数の最も少ない 6.32 の 3 桁が全体の有効桁を決めるので，4 桁目を四捨五入して 12.0 となる。最後の 0 を書き忘れてはいけない。

(3)　対数の値

　これは pH を計算する時に心得るべきことである。大きな数値あるいは小さな数値は次のように表示するのが望ましい。例えば，7249643 と 0.000582 という数値では，それぞれ 7.249643×10^6，5.82×10^{-4} となる。数値の小数点以上は 1 桁であとは小数点以下となり，その後に数値の大きさをべき数で表示するのである。これを対数にすると

$$\log(5.82 \times 10^{-4}) = \log 5.82 + \log 10^{-4}$$

となる。第 1 項 $\log 5.82 = 0.76492\cdots$ となり，小数であり，有効桁を反映する部分である。5.82 は 3 桁の有効数字なので，その対数も 4 桁目を四捨五入して 3 桁の 0.765 と表示する。第 2 項の $\log 10^{-4} = -4$ であり，整数となる。したがって，最終的な対数の値は

$$\log(5.82 \times 10^{-4}) = \log 5.82 + \log 10^{-4} = -4 + 0.765 = -3.235$$

お気づきのように整数部分は有効桁とは関係ないのである。

付録2　単位，定数表ほか

1. SI基本単位

物理量	SI単位の名称		量の記号	SI単位の記号
長さ	メートル	metre	l	m
質量	キログラム	kilogram	m	kg
時間	秒	second	t	s
電流	アンペア	ampere	I	A
熱力学温度	ケルビン	kelvin	T	K
物質量	モル	mole	n	mol
光度	カンデラ	candela	I_v	cd

2. SI接頭語

(1)

倍数	接頭語		記号	倍数	接頭語		記号
10	デカ	deca	da	10^{-1}	デシ	deci	d
10^2	ヘクト	hecto	h	10^{-2}	センチ	centi	c
10^3	キロ	kilo	k	10^{-3}	ミリ	milli	m
10^6	メガ	mega	M	10^{-6}	マイクロ	micro	μ
10^9	ギガ	giga	G	10^{-9}	ナノ	nano	n
10^{12}	テラ	tera	T	10^{-12}	ピコ	pico	p
10^{15}	ペタ	peta	P	10^{-15}	フェムト	femto	f
10^{18}	エクサ	exa	E	10^{-18}	アト	atto	a

(2)

数	名称		数	名称		数	名称	
1	モノ	mono	11	ウンデカ	undeca	21	ヘンイコサ	henicosa
2	ジ，ビ	di, bi	12	ドデカ	dodeca	30	トリアコンタ	triaconta
3	トリ	tri	13	トリデカ	trideca	40	テトラコンタ	tetraconta
4	テトラ	tetra	14	テタラデカ	tetradeca	50	ペンタコンタ	pentaconta
5	ペンタ	penta	15	ペンタデカ	pentadeca	60	ヘキサコンタ	hexaconta
6	ヘキサ	hexa	16	ヘキサデカ	hexadeca	70	ヘプタコンタ	heptaconta
7	ヘプタ	hepta	17	ヘプタデカ	heptadeca	90	ノナコンタ	nonaconta
8	オクタ	octa	18	オクタデカ	octadeca	100	ヘクタ	hecta
9	ノナ	nona	19	ノナデカ	nonadeca	110	デカヘクタ	decahecta
10	デカ	deca	20	イコサ	icosa*	200	ディクタ	dicta

* 他に，eicosa とも記される。

3. 固有の名称と記号を持つSI組立単位（誘導単位）の例

物理量		SI単位の名称		記号	SI基本単位による表現
周波数	frequency	ヘルツ	hertz	Hz	s^{-1}
力	force	ニュートン	newton	N	$m\,kg\,s^{-2}$
圧力	pressure	パスカル	pascal	Pa	$m^{-1}\,kg\,s^{-2}\,(=N\,m^{-2})$
エネルギー 仕事 熱量	energy work heat	ジュール	joule	J	$m^2\,kg\,s^{-2}\,(=N\,m=Pa\,m^3)$
仕事率	power	ワット	watt	W	$m^2\,kg\,s^{-3}\,(=J\,s^{-1})$
電荷	electric charge	クーロン	coulomb	C	$s\,A$
電位	electric potential	ボルト	volt	V	$m2\,kg\,s^{-3}\,A^{-1}\,(=J\,C^{-1})$
静電容量	electric capacitance	ファラド	farad	F	$m^{-2}\,kg^{-1}\,s^4\,A^2\,(=C\,V^{-1}1)$
電気抵抗	electric resistance	オーム	ohm	Ω	$m2\,kg\,s^{-3}\,A^{-2}\,(=V\,A^{-1})$
コンダクタンス	electric coductance	ジーメンス	siemens	S	$m^{-2}\,kg^{-1}\,s^3\,A^2\,(=\Omega^{-1})$
磁束密度	magnetic flux density	テスラ	tesla	T	$kg\,s^{-2}\,A^{-1}\,(=V\,s\,m^{-2})$
セルシウス温度	Celsius temperature	セルシウス度	degree Celsius	℃	K

付録2 単位，定数表ほか

4. SIと併用される単位

物理量		単位の名称		記号	SI単位による値	
時間	time	分	minute	min	60	s
		時	hour	h	3600	s
		日	day	d	86400	s
体積	volume	リットル	litre	l, L	10^{-3}	m^3
質量	mass	トン	tonne	t	10^3	kg
長さ	length	オングストローム	angstrom	Å	10^{-10}	m
圧力	pressure	バール	bar	bar	10^5	Pa
	pressure*	標準大気圧	standard	atm	101325	Pa
平面角	plane angle	度	degree	°	$(\pi/180)$	rad
エネルギー	energy	電子ボルト	eletronvolt	eV	1.60218×10^{-19}	J
		カロリー	calorie	cal	4.184	J
質量	mass	原子質量単位	atomic mass unit	u	1.66054×10^{-27}	kg

* 従来より使用されてきた単位

5. 基礎物理定数表

量	記号	数値	SI単位
真空中の光の速さ	c	2.99792458×10^8	$m\ s^{-1}$
プランク定数	h	$6.6260755 \times 10^{-34}$	$J\ s$
アヴォガドロ数	N_A, L	6.0221367×10^{23}	mol^{-1}
原子質量単位*	u	$1.6605402 \times 10^{-27}$	kg
真空の透磁率	μ_0	$4\pi = 12.5663706 \times 10^{-7}$	$H\ m^{-1}$
真空の誘電率	ε_0	$8.8541878 \times 10^{-12}$	$F\ m^{-1}$
電気素量	e	$1.60217733 \times 10^{-19}$	C
ファラデー定数	F	9.6485309×10^4	$C\ mol^{-1}$
電子の静止質量	m_e	$9.1093897 \times 10^{-31}$	kg
電子の比電荷	e/m_e	$1.75881962 \times 10^{11}$	$C\ kg^{-1}$
陽子の静止質量	m_p	$1.6726231 \times 10^{-27}$	kg
中性子の静止質量	m_n	$1.6749286 \times 10^{-27}$	kg
気体定数	R	8.314510	$J\ mol^{-1}\ K^{-1}$
標準状態** 理想気体の体積	V_m	22.41410×10^{-3}	$m^3\ mol^{-1}$
ボルツマン定数	$k_B = R/L$	1.380658×10^{-23}	$J\ K^{-1}$
シュテファン-ボルツマン定数	σ	5.67051×10^{-8}	$W\ m^{-2}\ K^4$
重力定数	G	6.67259×10^{-11}	$m^3\ s^{-2}\ kg^{-1} = N\ m^2\ kg^{-2}$
自由落下標準加速度	g_n	9.80665	$m\ s^{-2}$
水の三重点	T_w	273.16	K

* ^{12}C 原子の質量の12分の1
** 温度 273.15 K, 圧力 101325 Pa（1 atm）

6. ギリシャ文字

A	α	Alpha	アルファ	N	ν	Nu	ニュー
B	β	Beta	ベータ	Ξ	ξ	Xi	グザイ
Γ	γ	Gamma	ガンマ	O	o	Omicron	オミクロン
Δ	δ	Delta	デルタ	Π	π	Pi	パイ
E	ε	Epsilon	エプシロン	P	ρ	Rho	ロー
Z	ζ	Zeta	ゼータ	Σ	σ	Sigma	シグマ
H	η	Eta	イータ	T	τ	Tau	タウ
Θ	θ	Theta	シータ	Υ	υ	Upsilon	ウプシロン
I	ι	Iota	イオタ	Φ	ϕ	Phi	ファイ
K	κ	Kappa	カッパ	X	χ	Chi	カイ
Λ	λ	Lambda	ラムダ	Ψ	ψ	Psi	プサイ
M	μ	Mu	ミュー	Ω	ω	Omega	オメガ

7. 元素の電子配置

周期		元素	K	L		M			N				O					P					
エネルギー準位			1s	2s	2p	3s	3p	3d	4s	4p	4d	4f	5s	5p	5d	5f	5g	6s	6p	6d	6f	6g	6h
1	1	H	1																				
1	2	He	2																				
2	3	Li	2	1																			
2	4	Be	2	2																			
2	5	B	2	2	1																		
2	6	C	2	2	2																		
2	7	N	2	2	3																		
2	8	O	2	2	4																		
2	9	F	2	2	5																		
2	10	Ne	2	2	6																		
3	11	Na	2	2	6	1																	
3	12	Mg	2	2	6	2																	
3	13	Al	2	2	6	2	1																
3	14	Si	2	2	6	2	2																
3	15	P	2	2	6	2	3																
3	16	S	2	2	6	2	4																
3	17	Cl	2	2	6	2	5																
3	18	Ar	2	2	6	2	6																
4	19	K	2	2	6	2	6		1														
4	20	Ca	2	2	6	2	6		2														
4	21	Sc	2	2	6	2	6	1	2														
4	22	Ti	2	2	6	2	6	2	2														
4	23	V	2	2	6	2	6	3	2														
4	24	Cr	2	2	6	2	6	5	1														
4	25	Mn	2	2	6	2	6	5	2														
4	26	Fe	2	2	6	2	6	6	2														
4	27	Co	2	2	6	2	6	7	2														
4	28	Ni	2	2	6	2	6	8	2														
4	29	Cu	2	2	6	2	6	10	1														
4	30	Zn	2	2	6	2	6	10	2														
4	31	Ga	2	2	6	2	6	10	2	1													
4	32	Ge	2	2	6	2	6	10	2	2													
4	33	As	2	2	6	2	6	10	2	3													
4	34	Se	2	2	6	2	6	10	2	4													
4	35	Br	2	2	6	2	6	10	2	5													
4	36	Kr	2	2	6	2	6	10	2	6													
5	37	Rb	2	2	6	2	6	10	2	6			1										
5	38	Sr	2	2	6	2	6	10	2	6			2										
5	39	Y	2	2	6	2	6	10	2	6	1		2										
5	40	Zr	2	2	6	2	6	10	2	6	2		2										
5	41	Nb	2	2	6	2	6	10	2	6	4		1										
5	42	Mo	2	2	6	2	6	10	2	6	5		1										
5	43	Tc	2	2	6	2	6	10	2	6	6		1										
5	44	Ru	2	2	6	2	6	10	2	6	7		1										
5	45	Rh	2	2	6	2	6	10	2	6	8		1										
5	46	Pd	2	2	6	2	6	10	2	6	10												
5	47	Ag	2	2	6	2	6	10	2	6	10		1										
5	48	Cd	2	2	6	2	6	10	2	6	10		2										
5	49	In	2	2	6	2	6	10	2	6	10		2	1									
5	50	Sn	2	2	6	2	6	10	2	6	10		2	2									
5	51	Sb	2	2	6	2	6	10	2	6	10		2	3									
5	52	Te	2	2	6	2	6	10	2	6	10		2	4									
5	53	I	2	2	6	2	6	10	2	6	10		2	5									
5	54	Xe	2	2	6	2	6	10	2	6	10		2	6									

21–30: 第1遷移元素
39–48: 第2遷移元素

付録2 単位，定数表ほか

周期	エネルギー準位 元素	K	L		M			N				O					P					
		1s	2s	2p	3s	3p	3d	4s	4p	4d	4f	5s	5p	5d	5f	5g	6s	6p	6d	6f	6g	6h
6	55 Cs	2	2	6	2	6	10	2	6	10		2	6				1					
	56 Ba	2	2	6	2	6	10	2	6	10		2	6				2					
	57 La	2	2	6	2	6	10	2	6	10		2	6	1			2					
	58 Ce	2	2	6	2	6	10	2	6	10	1	2	6	1			2					
	59 Pr	2	2	6	2	6	10	2	6	10	3	2	6				2					
	60 Nd	2	2	6	2	6	10	2	6	10	4	2	6				2					
	61 Pm	2	2	6	2	6	10	2	6	10	5	2	6				2					
	62 Sm	2	2	6	2	6	10	2	6	10	6	2	6				2					
	63 Eu	2	2	6	2	6	10	2	6	10	7	2	6				2					
	64 Gd	2	2	6	2	6	10	2	6	10	7	2	6	1			2					
	65 Tb	2	2	6	2	6	10	2	6	10	9	2	6				2					
	66 Dy	2	2	6	2	6	10	2	6	10	10	2	6				2					
	67 Ho	2	2	6	2	6	10	2	6	10	11	2	6				2					
	68 Er	2	2	6	2	6	10	2	6	10	12	2	6				2					
	69 Tm	2	2	6	2	6	10	2	6	10	13	2	6				2					
	70 Yb	2	2	6	2	6	10	2	6	10	14	2	6				2					
	71 Lu	2	2	6	2	6	10	2	6	10	14	2	6	1			2					
	72 Hf	2	2	6	2	6	10	2	6	10	14	2	6	2			2					
	73 Ta	2	2	6	2	6	10	2	6	10	14	2	6	3			2					
	74 W	2	2	6	2	6	10	2	6	10	14	2	6	4			2					
	75 Re	2	2	6	2	6	10	2	6	10	14	2	6	5			2					
	76 Os	2	2	6	2	6	10	2	6	10	14	2	6	6			2					
	77 Ir	2	2	6	2	6	10	2	6	10	14	2	6	7			2					
	78 Pt	2	2	6	2	6	10	2	6	10	14	2	6	9			1					
	79 Au	2	2	6	2	6	10	2	6	10	14	2	6	10			1					
	80 Hg	2	2	6	2	6	10	2	6	10	14	2	6	10			2					
	81 Tl	2	2	6	2	6	10	2	6	10	14	2	6	10			2	1				
	82 Pb	2	2	6	2	6	10	2	6	10	14	2	6	10			2	2				
	83 Bi	2	2	6	2	6	10	2	6	10	14	2	6	10			2	3				
	84 Po	2	2	6	2	6	10	2	6	10	14	2	6	10			2	4				
	85 At	2	2	6	2	6	10	2	6	10	14	2	6	10			2	5				
	86 Rn	2	2	6	2	6	10	2	6	10	14	2	6	10			2	6				
7	87 Fr	2	2	6	2	6	10	2	6	10	14	2	6	10			2	6				
	88 Ra	2	2	6	2	6	10	2	6	10	14	2	6	10			2	6				
	89 Ac	2	2	6	2	6	10	2	6	10	14	2	6	10			2	6	1			
	90 Th	2	2	6	2	6	10	2	6	10	14	2	6	10			2	6	2			
	91 Pa	2	2	6	2	6	10	2	6	10	14	2	6	10	2		2	6	1			
	92 U	2	2	6	2	6	10	2	6	10	14	2	6	10	3		2	6	1			
	93 Np	2	2	6	2	6	10	2	6	10	14	2	6	10	4		2	6	1			
	94 Pu	2	2	6	2	6	10	2	6	10	14	2	6	10	6		2	6				
	95 Am	2	2	6	2	6	10	2	6	10	14	2	6	10	7		2	6				
	96 Cm	2	2	6	2	6	10	2	6	10	14	2	6	10	7		2	6	1			
	97 Bk	2	2	6	2	6	10	2	6	10	14	2	6	10	8		2	6	1			
	98 Cf	2	2	6	2	6	10	2	6	10	14	2	6	10	10		2	6				
	99 Es	2	2	6	2	6	10	2	6	10	14	2	6	10	11		2	6				
	100 Fm	2	2	6	2	6	10	2	6	10	14	2	6	10	12		2	6				
	101 Md	2	2	6	2	6	10	2	6	10	14	2	6	10	13		2	6				
	102 No	2	2	6	2	6	10	2	6	10	14	2	6	10	14		2	6				
	103 Lr	2	2	6	2	6	10	2	6	10	14	2	6	10	14		2	6	1			

注：O列は内遷移元素，P列は第3遷移元素を含む。Q殻（7s）は58Ce以降の一部および87Fr以降にQ殻として2が入る（第4遷移元素）。

付録 3　自然科学分野における日本人ノーベル賞一覧（青字は化学賞）

授賞年	受賞者	部門	授賞理由
1949 年	湯川　秀樹（1907-1981）	物理学賞	中間子の存在の予想。
1965 年	朝永振一郎（1906-1979）	物理学賞	量子電気力学分野での基礎的研究。
1973 年	江崎玲於奈（1925- 　）	物理学賞	半導体におけるトンネル効果の実験的発見。
1981 年	福井　謙一（1918-1998）	化学賞	化学反応過程の理論的研究。
1987 年	利根川　進（1939- 　）	生理学・医学賞	多用な抗体を生成する遺伝的原理の解明。
2000 年	白川　英樹（1936- 　）	化学賞	導電性高分子の発見と開発。
2001 年	野依　良治（1938- 　）	化学賞	キラル触媒による不斉合成反応の研究。
2002 年	田中　耕一（1959- 　）	化学賞	生体高分子の質量分析法のための穏和な脱離イオン化法の開発。
	小柴　昌俊（1926- 　）	物理学賞	天体物理学，特に宇宙ニュートリノの検出に対するパイオニア的貢献。
2008 年	下村　　脩（1928- 　）	化学賞	緑色蛍光タンパク質（GFP）の発見とその応用。
	小林　　誠（1944- 　）	物理学賞	対称性の破れによるクォーク世代の予言。
	益川　敏英（1940- 　）	物理学賞	対称性の破れによるクォーク世代の予言。
	南部陽一郎（1921- 　）	物理学賞	自発的対称性の破れ。量子色力学。
2010 年	鈴木　　章（1930- 　）	化学賞	有機合成におけるクロスカップリングの共同開発。
	根岸　栄一（1935- 　）	化学賞	有機合成におけるクロスカップリングの共同開発。
2012 年	山中　伸弥（1962- 　）	生理学・医学賞	様々な細胞に成長できる能力を持つ iPS 細胞の作製。
2014 年	天野　　浩（1960- 　）	物理学賞	高輝度で省電力の白色光源を可能にした青色発光ダイオードの発明。
	赤﨑　　勇（1929- 　）	物理学賞	高輝度で省電力の白色光源を可能にした青色発光ダイオードの発明。
	中村　修二（1954- 　）	物理学賞	高輝度青色発光ダイオード青紫色半導体レーザーの製造方法を発明・開発。
2015 年	大村　　智（1935- 　）	生理学・医学賞	線虫による感染症の治療法発見。
	梶田　隆章（1959- 　）	物理学賞	ニュートリノが質量を持つことを発見。
2016 年	大隅　良典（1945- 　）	生理学・医学賞	オートファジーの仕組みの解明。
2018 年	本庶　　佑（1942- 　）	生理学・医学賞	リチウムイオン二次電池の開発。
2019 年	吉野　　彰（1948- 　）	化学賞	免疫チェックポイントの阻害因子の発見とがん治療への応用。

章末問題解答

1 章

1. 地球上に存在する元素の原子量は，それぞれの同位体の原子質量と存在％から，原子質量の平均値として計算される。だから，窒素の原子量 ＝ 14.003074 × 0.99636 ＋ 15.000109 × 0.00364 ＝ 14.0067

2. 原子量は構成している同位体の原子質量の平均値であるから，原子番号（陽子数）ではなく，質量数（陽子数と中性子数の和）と関係する。原子番号の小さいアルゴンの原子量が大きいということは，カリウムよりアルゴンの同位体の質量数平均値が大きいことを意味している。実際調べてみると，アルゴンでは ^{36}Ar (0.337％)，^{38}Ar (0.063％)，^{40}Ar (99.60％)，そしてカリウムでは ^{39}K (93.2581％)，^{40}K (0.0117％)，^{41}K (6.7302) となっている。

3. カルシウムは原子番号は 20 だから，電子 20 個を持つ。その電子配置は，

$1s^2$　$2s^2$　$2p^6$　$3s^2$　$3p^6$　$3d$　$4s^2$
⇅　⇅　⇅⇅⇅　⇅　⇅⇅⇅　～　⇅

となる。3d 軌道は 4s 軌道よりエネルギーが高いので，4s 軌道に先ず電子は入る。

4. (1) 殻に入る電子数は，K 殻 2，L 殻 8，M 殻 18，N 殻 32 である。$_{13}$Al の電子配置は 2 ＋ 8 ＋ 3 となり，最外殻電子数は 3 であるから 13 族である。$_{16}$S の電子配置は 2 ＋ 8 ＋ 6 であり，16 族となる。$_{35}$Br の電子配置は 2 ＋ 8 ＋ 18 ＋ 7 であり，7 個の価電子を持っているから 17 族に属する。

(2) Al，S，Br の価電子数はそれぞれ 3，6，7 であるから，ルイス表記では

・Al・　　　・S・　　　・Br：

5. 表 1-1 の陽子と中性子の質量は孤立している状態の陽子と中性子の質量を示している。ところが質量数が 2 以上の原子では狭い核の中で陽子あるいは中性子を互いに結合させるエネルギーが必要である。質量とエネルギーの等価性により，この安定化エネルギーに相当するのが，それぞれ原子の質量の欠損量であり，次のアインシュタインの式によってエネルギー E (J) に変換される。

$E = \triangle m c^2$

ただし，$\triangle m$ は質量欠損 (kg)，c は真空中の光速で 2.997924×10^8 m/s である。
^{12}C の原子質量は 12 であるから，^{12}C の質量欠損は，12.098940 － 12 ＝ 0.098940 u となる。これに相当するエネルギーは，$E = 0.098940$ u $\times 1.6605402 \times 10^{-24}$ g/u $\times 10^{-3} \times$ (2.997924

$\times 10^8$ m/s$)^2 = 1.4766 \times 10^{-11}$ J，となる．1 mol 当たりではこれの 6.02×10^{23} 倍の 8.9×10^{12} J であり，大変大きなエネルギーとなる．これは原子エネルギーあるいは核エネルギーといわれ，核融合エネルギーや核分裂エネルギーである．

6．カルシウムの電子配置は [Ar]4s2 であるから，電子2個を容易に放出して Ar の閉殻電位構造をとって安定化し安い．一方，カルシウム陰イオンになるための電子は 4p 軌道に入り，内殻（K，L，M 殻）と 4s の電子によって核の引力はかなり遮蔽されて安定化しない．

2 章

1．15 族の窒素は5個の価電子（$2s^2 2p^3$）を持ち，不対電子の数は p 軌道の3個である（図1）．p 軌道は決まった方向に広がっていることに注意しよう．もし，2個の窒素原子が x 軸に沿って結合する時，p_x 軌道が重なり，さらに p_y と p_z 軌道も重なる．図2はこの様子を示す．結合軸に沿った酸素原子の p_x 軌道どうしの結合は σ 結合（σ bond）である．そして結合軸に直角な p_y 軌道どうしと p_z 軌道どうしの結合が π 結合（π bond）である．

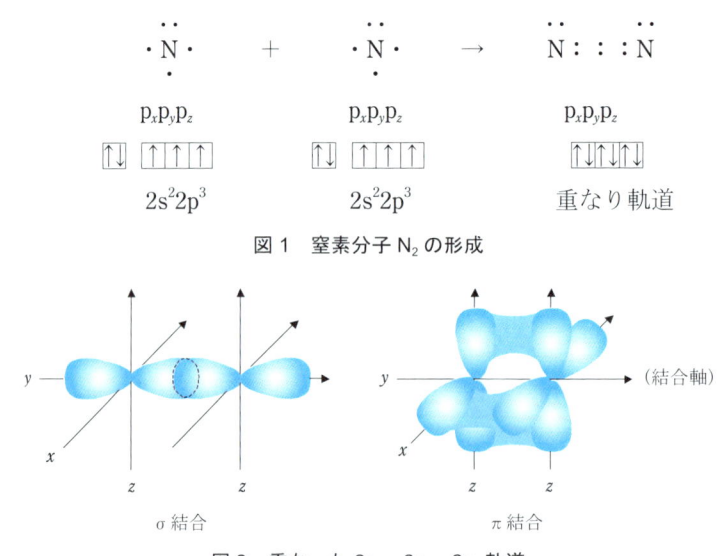

図1　窒素分子 N_2 の形成

図2　重なった $2p_x$，$2p_y$，$2p_z$ 軌道

2．18 族元素は最外殻電子数が8個で安定型となり，結合に必要な不対電子もなく，結合しない．

3．S の基底状態の最外殻電子構造は $3s^2 3p^4$ であり，d 軌道に昇位して $3s^1 3p^3 3d^2$ となって，不対電子が6個となる．酸素原子は2個の不対電子を持っているから，S 原子は2個の π 結合と4個の σ 結合によって4個の O 原子と結合し，sp^3 混成軌道を形成して正四面

体構造を形成する。

4. 分子では，NH_3，C_5H_5N（ピリジン）など
   イオンでは，Cl^-，CH_3COO^-

5. アセトンは疎水部分は分子全体では小さく，図 2-13 に示すように極性分子であるから，水とは任意に混合する。非プロトン性極性溶媒（aprotic dipolar solvent）といわれる。

3 章

1. NaCl の質量パーセント濃度 $= 10 / (100 + 10) \times 100 = 9.09\%$
   NaCl 10 g と水 100 g を混合したので，NaCl 水溶液の質量は 110 g となる。

2. $(x / 50) \times 100 = 30$ $x = 15$
   よって，15 g の NaOH を 35 g の水で溶解すればよい。

3. (1) $KMnO_4$ $(50.3 / 158.04) / 5 = 0.0637$ M
   (2) $SnCl_2$ $(10.5 / 189.65) / 2.5 = 0.0222$ M
   (3) H_2SO_4 $(4.7 / 98.08) / 0.3 = 0.160$ M
   (4) HNO_3 $(2.8 / 63.01) / 0.8 = 0.0556$ M
   (5) $Ca(OH)_2$ $(3.2 / 74.09) / 0.5 = 0.0864$ M

4. $(10 / 40) / 2 = 0.125$ M

5. NaCl の分子量 $=$ Na $+$ Cl $= 22.99 + 35.35 = 58.44$
   よって，$(29 / 58.44) / 1 = 0.496$ M

6. $180.15 / 5 = 36.04$ g

7. $CH_3COOH \longrightarrow H^+ + CH_3COO^-$
   $[H^+] = 0.1$（mol／L）$\times 0.01$（電離度）$= 10^{-3}$ M
   pH $= - \log [H^+] = - \log 10^{-3} = -(-3) = 3$ となる。

8. $NaOH \longrightarrow Na^+ + OH^-$
   $[OH^-] = 0.1$ mol／L $= 10^{-1}$ M
   pOH $= - \log [OH^-] = - \log 10^{-1} = -(-1) = 1$ となる。

4 章

1. 例として (1) と (2) の解答を示す。

   (1) 酸化：Sn　酸化数が +2 から +4 に増加。
       還元：Ag　酸化数が +1 から 0 に減少。

   (2) 酸化：Sn　SnO_2^{2-} の Sn の酸化数を X とする。$X + 2 \times (-2) = -2$　$X = +2$
       　　　　SnO_3^{2-} の Sn の酸化数を X とする。$X + 3 \times (-2) = -2$　$X = +4$
       　　　　酸化数が増加している。

       還元：Bi　$Bi(OH)_3$ の酸化数を X とする。$X + 3 \times (-1) = 0$　$X = 3$
       　　　　Bi の酸化数は 0 である。したがって，酸化数は減少している。

2. (1) の解答

やりとりする電子の数が (A)，(B) 式とも同じである。
したがって，全反応は

$$I_2 + 2 S_2O_3^{2-} \longrightarrow 2 I^- + S_4O_6^{2-}$$

(2) の解答

酸化剤　$Cr_2O_7^{2-} + 14 H^+ + 6 e^- \longrightarrow 2 Cr^{3+} + 7 H_2O$ 　　　(A)

還元剤　$Fe^{2+} \longrightarrow Fe^{3+} + e^-$ 　　　(B)

やりとりする電子の数を (A)，(B) 式とも同じにする。

　　　(A) + (B) × 6

$Cr_2O_7^{2-} + 14 H^+ + 6 e^- \longrightarrow 2 Cr^{3+} + 7 H_2O$

$6 Fe^{2+} \longrightarrow 6 Fe^{3+} + 6 e^-$

全反応式は

$$Cr_2O_7^{2-} + 14 H^+ + 6 Fe^{2+} \longrightarrow 2 Cr^{3+} + 7 H_2O + 6 Fe^{3+}$$

(3) の解答

やりとりする電子の数を (A)，(B) 式とも同じにする。

　　　(A) × 5 + (B) × 2

$5 HNO_2 + 5 H_2O \longrightarrow 5 NO_3^- + 15 H^+ + 10 e^-$

$2 MnO_4^- + 16 H^+ + 10 e^- \longrightarrow 2 Mn^{2+} + 8 H_2O$

全反応式は

$$5 HNO_2 + 2 MnO_4^- + H^+ \longrightarrow 2 Mn^{2+} + 5 NO_3^- + 3 H_2O$$

(4) の解答

やりとりする電子の数を (A)，(B) 式とも同じにする。

(A) × 5 ＋ (B) × 2

$$5\,H_2O_2 \longrightarrow 5\,O_2 + 10\,H^+ + 10\,e^-$$
$$2\,MnO_4^- + 16\,H^+ + 10\,e^- \longrightarrow 2\,Mn^{2+} + 8\,H_2O$$

全反応式は

$$5\,H_2O_2 + 2\,MnO_4^- + 6\,H^+ \longrightarrow 2\,Mn^{2+} + 5\,O_2 + 8\,H_2O$$

(5) の解答

やりとりする電子の数を (A), (B) 式とも同じにする。

(A) ＋ (B) × 6

$$ClO_3^- + 6\,H^+ + 6\,e^- \longrightarrow Cl^- + 3\,H_2O$$
$$6\,Fe^{2+} \longrightarrow 6\,Fe^{3+} + 6\,e^-$$

全反応式は

$$ClO_3^- + 6\,Fe^{2+} + 6\,H^+ \longrightarrow Cl^- + 6\,Fe^{3+} + 3\,H_2O$$

5 章

1. シクロペンタンは5つの炭素鎖を持つ環状構造をしている。その構造にメチル基を2つ持つわけであるが，1位の炭素と2位の炭素の結合に対して，同じ側にメチル基を持つものをシス体といい，反対側に持つものをトランス体という。そこで，2つの異性体の正式な名称は，それぞれ *cis*-1,2-ジメチルシクロペンタンと *trans*-1,2-ジメチルシクロペンタンとなる。

沸点については，分子の極性から予想することができる。すなわち，トランス体は1位炭素と2位炭素の結合に対してメチル基が対称的に配置しているので，それぞれのメチル基によって生じる結合双極子モーメントが相殺されている。一方，シス体のモーメントは相殺されることはない。したがって，分子全体ではシス体のほうが双極子モーメントが高く，沸点も高いと予想される。

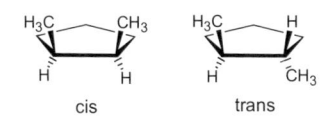

2. 不斉炭素に結合している置換基の順位則を比較すると，臭素，エチル，メチル，水素である。最も分子量の小さい水素を奥に配置して，各置換基をみると右回り（*R*：ラテン語の rectus）に配置していることがわかる。すなわち，*R* 配置である。

不斉中心の炭素と上下にあるメチル基をあわせると，炭素鎖は最長で4つである。不飽和な炭素結合も存在しないのでアルカンの仲間である。したがって，ブタンであることがわかる。次に，臭素（ブロモ）基の置換位置は炭素の末端から2番目の位置であるので，IUPAC 名としては，(*R*)-2-ブロモブタンとなる。

次いで，ニューマンの投影式で2-ブロモブタンを表すと，重なり形配座を除外すれば，以下に示したいずれかが一般的な表記となる。

I　　　　II　　　　III

次に，各置換基間の立体反発を予測すると，臭素が最も原子半径が大きいので，

　　臭素－メチル間　＞　メチル－メチル間　＞　臭素－水素間　＞　メチル－水素間

の順に立体反発が減少するであろう。

したがって，上記ニューマンの投影式中の構造Iが最も安定な配座であることが予想される。

3. ベンゼノニウムイオンの共鳴構造式

4. π電子系は，$4n + 2$ 個の電子を持つ時に大きく安定化される。このことをHückel則と呼んだ。ピロールでは窒素上の非共有電子対は芳香族6π電子系の一部として取り込まれ，系全体として6π電子系を形成している。したがって，この非共有電子対はピロール環全体にわたって非局在化している。

他方，ピロリジンはピロールの二重結合部位がすべて水素で飽和した構造である。したがって，窒素原子上の非共有電子対は窒素原子上に局在化しており，塩基性が高くなっている。先に述べたように，水は水素部分と酸素部分で大きく分極しているために，ピロリジンの窒素原子部分の電荷と相互作用を行い，その結果，水に可溶となる。

6 章

1. $3NO_2 + H_2O \longrightarrow 2HNO_3 + NO$

　$3NO_2 + 2NaOH \longrightarrow 2NaNO_3 + NO + H_2O$

2. $CaO + H_2O \longrightarrow Ca(OH)_2$

$$CaO + 2HCl \longrightarrow CaCl_2 + H_2O$$

3. $Al_2O_3 + 6HCl \longrightarrow 2AlCl_3 + 3H_2O$

   $Al_2O_3 + 2NaOH + 3H_2O \longrightarrow 2NaAl(OH)_4$

4. カソード（－）（還元）：$4H_2O + 4e^- \longrightarrow 2H_2 + 4OH^-$

   アノード（＋）（酸化）：$4OH^- \longrightarrow 2H_2O + O_2 + 4e^-$

7 章

1. 反応式の係数決定手順としては，(1) ではまず C について右辺の係数を決め，次に O, H の原子数を合わせる。(2) も同様である。

   (1) $C_3H_8 + 5O_2 = 3CO_2 + 4H_2O$

   (2) $2Ca(OH)_2 + 2Cl_2 = Ca(ClO)_2 + CaCl_2 + 2H_2O$

2. 酢酸溶液の例題 3 と同様である。

$$x = [H^+] = (K_aC)^{1/2} = (4.0 \times 10^{-10} \times 0.010)^{1/2} = (4.0 \times 10^{-12})^{1/2} = 2.0 \times 10^{-6}$$

   $C >> x$ なのでこの値を採用してよい。したがって，$[H^+] = 2.0 \times 10^{-6}$ M

3. $K_a \times K_b = K_w$ 導出については，すでに 3 章のアンモニアを例として示されている。ここでは，酢酸を取り上げ説明する。

   $CH_3COOH \rightleftarrows CH_3COO^- + H^+$

   $K_a = [CH_3COO^-][H^+]/[CH_3COOH]$

   酢酸イオンは水から水素イオンを受け取る塩基であり，水酸化物イオンを放出する。

   $CH_3COO^- + H_2O \rightleftarrows CH_3COOH + OH^-$

   この平衡定数を K とすれば，

   $K = [CH_3COOH][OH^-]/[CH_3COO^-][H_2O]$

   $[H_2O]$ は定数なので K に含めると，塩基の解離定数なので K_b となる。

   $K[H_2O] = K_b = [CH_3COOH][OH^-]/[CH_3COO^-]$

   次に，分子，分母に $[H^+]$ を乗じる。

   $K_b = [CH_3COOH][OH^-][H^+]/[CH_3COO^-][H^+] = K_w/K_a$

   したがって，$K_a \times K_b = K_w$

4. 0.020 M 酢酸の水素イオン濃度を求める問題は $C >> x$ が成立しない例で計算が大変である。

$$x = [H^+] = (K_aC)^{1/2} = (1.75 \times 10^{-5} \times 0.020)^{1/2} = (3.5 \times 10^{-7})^{1/2} = 5.9 \times 10^{-4}$$

$C \gg x$ が成立しないので,2次方程式を解く。

$x^2 + K_a x - K_a C = 0,$

$x = [-K_a \pm (K_a^2 + 4K_a C)^{1/2}]/2 = [-1.75 \pm ((1.75 \times 10^{-5})^2 + 4 \times 1.75 \times 10^{-5} \times 0.020)^{1/2}]/2$

$= 6.0 \times 10^{-4}$ 以上より $[H^+] = 6.0 \times 10^{-4} \, M$

5. $Ag_2CrO_4 \rightleftarrows 2Ag^+ + CrO_4^{2-}$

$K_{sp} = [Ag^+]^2[CrO_4^{2-}]$ 溶解度を $x \, M$ とすれば,$K_{sp} = (2x)^2 x = 4x^3 = 1.9 \times 10^{-12}$

$x = 7.8 \times 10^{-5}$ モル溶解度は $7.8 \times 10^{-5} \, M$ となる。

したがって,$[Ag^+] = 2 \times 7.8 \times 10^{-5} = 1.7 \times 10^{-4} \, M, [CrO_4^{2-}] = 7.8 \times 10^{-5} \, M$

参考図書

1・2章

J. E. Brady, G. E. Humiston（若山信行, 一国雅巳, 大島泰郎　訳）,『ブラディ 一般化学（上）』, 東京化学同人（1993）.

今井弘, 岡本弘, 藤村義和, 大竹伝雄, 徳山　泰,『新一般化学』, 化学同人（1993）.

浦上　忠　代表, 化学教科書研究会編,『基礎化学』, 化学同人（1998）.

三吉克彦,『はじめて学ぶ大学の無機化学』, 化学同人（1998）.

大野惇吉,『大学生の化学』, 三共出版（2001）.

5 章

山本嘉則　編著,『有機化学　100 のコンセプト　基礎の基礎』, 化学同人

齋藤勝裕,『絶対わかる有機化学』, 講談社（2002）.

日本化学会編,『化合物命名法（補訂 5 版）』, 化合物命名小委員会編.

中西香爾, 黒野昌庸, 中平靖弘訳,『モリソンボイド有機化学（第 5 版）, 上・中・下巻』, 東京化学同人.

H. ハート, 秋葉欣哉, 奥彬　共訳,『ハート　基礎有機化学』, 培風館.

上田壽　監修, 三島勇　増満浩志,『図解雑学　水の科学』, ナツメ社.

逸見彰男　坂上越朗,『灰から生まれる宝物のはなし』, 健友館.

芝哲夫　塩川二朗　加藤俊二　小川雅彌　泉美治,『機器分析のてびき（増補改訂版）』, 化学同人.

G. シュベルト, 一瀬典夫, M. シュネペル,『蛍光分析化学』培風館（1987）.

木村優　中島理一郎,『分析化学の基礎』, 裳華房.

安藤喬志, 宗宮創,『これなら分かる NMR【そのコンセプトと使い方】』, 化学同人（1997）.

荒木峻　益子洋一郎　山本修　鎌田利紘,『有機化合物のスペクトルによる同定法（第 6 版）』, 東京化学同人.

6 章

相川祐理, ぶんせき, 2004（7）, 380

安彦兼次ほか, 日経サイエンス　1993 年 1 月

安彦兼次, 1999 年 3 月, htth://www.jikkei-bookdirect.com/science/

藤嶋昭, 橋本和仁, 渡部俊也,「光触媒のしくみ」日本実業出版社, 2001

西村雅吉,『環境化学』, 裳華房（2002）.

多賀光彦, 那須淑子,『地球の化学と環境』, 三共出版（1994）.

7 章

丸山一典，西野純一，天野　力，松原　浩，山田明文，小林高臣，『化学の扉』，朝倉書店 （2000）．

上野景平，『化学反応はなぜおこるか』，講談社ブルーバックス（1993）．

青島　均，右田たい子，『ライフサイエンス基礎化学』，化学同人（2000）．

小野英喜，『くらしと化学の話』，新生出版（1996）．

8 章

電気化学協会編，『新しい電気化学』，培風館（1984）．

西　美緒，『リチウムイオン二次電池の話』，裳華房（1997）．

平井竹次，高橋祥夫，『電池の話』，裳華房（1989）．

9 章

『廃棄物埋立浸出水の高度処理～ダイオキシン類および環境ホルモン等微量有害物質対策～』，NTS出版．

『飛灰対策～有害物質除去・無害化・再資源化技術～』，NTS出版．

平岡正勝　編著，『廃棄物処理におけるダイオキシン類対策～都市ごみ焼却施設におけるダイオキシン防止技術の理解のために～』，環境公害新聞社．

平岡正勝，岡島重伸　編著，『廃棄物処理におけるダイオキシン類削減対策の手引き』，環境新聞社．

公害防止と技術と法規　編集委員会編，『公害防止の技術と法規～ダイオキシン類編～』

10 章

泉屋信夫，野田耕作，下東康幸，『生物化学序説』，化学同人（1993）．

平山令明，『分子レベルで見た体のはたらき』，講談社（2003）．

索　引

あ 行

アセトン　23
アデニン　108
アボカドロ数　3
アボガドロ定数　27
アミノ基　102
アミノ基末端　104
アミノ酸　102
アミノ酸配列　106
アラニン　102
アレニウスの定義　29
アンモニア分子　21
イオン化エネルギー　11
イオン化傾向　39
イオン化列　39
イオン結合　15
イオン積　84
イオン半径　10
異性体　50
一次構造　106
1次反応　77
一般廃棄物　95
ウラシル　108
液晶　88
液晶ディスプレイ　87
エナンチオマー　52
塩基　29
塩基性酸化物　64
塩基配列　109
鉛樹　39
エンタルピー　72
オキソ酸　64
オキソニウムイオン　22, 29
オクッテット則　45

か 行

回転異性体　51
解離（電離）定数　79
解離定数　31
化学平衡　73
「鍵」と「鍵穴」　105
化合物　1
重なり軌道　18
ガス定数　78
活性化エネルギー　77
活性錯体　78
価電子　9
価電子帯　69
カルボキシル基　102
カルボキシル末端　104
カルボニル基　23
還元　35
還元剤　37
還元反応　90
緩衝液　82
緩衝作用　82
官能基　46
幾何異性　52
基底状態　7
軌道　6, 44
逆のスピン　7
吸熱反応　72, 73
強塩基　31
強酸　31
鏡像異性体　52
共通イオン効果　85
共鳴　48
共鳴構造　50
共鳴混成体　50
共有結合　15, 17, 44
共有電子対　17
極性分子　23

銀樹　39
金属結合　15
グアニン　108
クーロン力　16
クリック　107
携帯用カイロ　69
桁数　111
結合距離　17
結合性軌道　56
結合双極子モーメント　43
原子　2
原子核　2
原子核の半径　2
原子価結合理論　17
原子質量単位　3
原子の半径　2
原子半径　10
原子番号　3
原子量　3
元素　1
元素記号　2
元素存在率　63
項間交差　58
酵素　105
構造異性体　50
黒鉛　91
極性　22, 43
コバルト酸リチウム　90
ゴミ固形化燃料　99
孤立電子対　19
コレステリック液晶　88
混成　19
混成軌道　18
sp混成軌道　21
sp^2混成軌道　21
sp^3混成軌道　19
混成軌道　45

さ 行

サーマルリサイクル　97
最外殻電子　9
再使用　96
酸　29
酸化　35
酸化剤　37
酸化数　36
酸化鉄　68
酸化反応　90
酸化物　35, 64
残基　104
産業廃棄物　95
三次構造　106
三重結合　18, 45
酸性酸化物　64
磁気量子数　5
シス - トランス異性　52
質量数　3
質量パーセント濃度　26
質量保存の法則　71
シトシン　108
弱塩基　79
弱酸　79
周期　8
周期性　8
周期表　8
シュウ酸　81
集積回路　92
充電　90
自由電子　22
縮重　7
縮退　7
主量子数　5
純鉄　69
昇位　19
触媒　72, 78
シリコン　92
シリコンウエーハー　92
深色移動　57
親水性　102

水酸化物イオン濃度　30
水素イオン濃度　30
水素結合　15, 23, 104
水素の燃焼　63
水和　16
スピン磁気量子数　5
スピン平行　7
スメクチック液晶　88
正極　90
正四面体構造　19
静電引力　16
精度　111
絶対温度　78
遷移元素　9
旋光性　53
浅色移動　58
双極子　23
双極子-相互作用　15
族　8
側鎖　102
疎水性　102
疎水的相互作用　104

た 行

ダイオキシン類　97
多原子分子　18
脱水和　16
単結合　18
淡色効果　58
単体　1, 36
タンパク質　102
地殻　64
置換基　46
チタンの酸化物　69
チミン　108
中心炭素　102
中性酸化物　65
中性子　1
超臨界水　68
直線構造　21
使い捨てカイロ　72

ディスプレイ　88
電解　39
電解質　91
電気陰性度　13
電気分解　39
典型元素　9
電子　1
電子雲　6, 44
電子殻　5
電子親和力　12
電子対　29
電子配置　7, 45
電子密度　6, 44
転写　111
電池　89
伝導帯　69
電離　16, 29
電離度　30
同位体　3
銅樹　39
毒性等価量　97

な 行

難溶性塩　83
2原子分子　17
二酸化炭素　23
二酸化チタン　69
二次構造　106
2次反応　77
二重結合　18, 45
二重らせん　109
ヌクレオチド　108
熱利用　97
ネマティック液晶　88
濃色効果　58
濃度　26

は 行

ハーバー・ボッシュ法　78
配位化合物　22

索引

配位結合　15, 21
配座異性体　51
排他原理　7
バクダット電池　89
発生抑制　96
発熱反応　72
反結合性軌道　56
半数致死量　97
反応式　71
反応速度　75
反応速度定数　76
反応熱　72
非共有電子対　19
非局在化　49
非金属元素　37
非結合性軌道　56
飛　灰　95
ファラデーの法則　40
ファンデルワールス力　15, 24
フェニルイソシアナート　107
フォトレジスト　93
負　極　90
副　殻　5
不斉炭素　52
不対電子　9, 17
ブレンステッド　80
ブレンステッド‐ローリーの定義
　29
分　極　22, 43
分極率　50
分散力　24
分　子　1
分子性結晶　24
分子双極子モーメント　43
フントの規則　7
閉　殻　11
閉殻配置　45
平衡移動の法則　67, 75
平衡定数　73
平衡定数の式　77
平面三角構造　21
ペプチド　104

ペプチド結合　104
ベンガラ　68
方位量子数　5
芳香属性　48
放射性同位体　3
放　電　90
飽和状態　84
ボーア　4
ホーヤットラップア電池　89
ポーリング　13
保持時間　55
ホモゲンチシン酸　81
ボルタ　89

ま　行

混じり合い　19
水　65
水のイオン積　30
水の異常さ　66
水の状態図　67
水分子　18
無機物　63
無極性分子　24
メタン分子　18
モラー　27
モル　27
モル吸光係数　57
モル濃度　26, 27

や　行

融解曲線　67
誘起双極子　24
有機物　63
有効数字　111
溶解度積　84
陽　子　1
溶　質　26
溶　媒　26
四次構造　106

ら　行

リサイクル　96
リゾチーム　105
リチウムイオン電池　90
立体配座　51
リボ核酸　108
量子化　5
量子数　5
両性酸化物　65
りん光　58
ル・シャトリエの法則　67, 75
ルイス記号　9
ルイスの定義　29
励起状態　7

わ　行

ワトソン　107

A－Z

A.Volta　89
activation complex　78
activation energy　77
adenine　108
amino acid　102
amino acid sequence　106
anti-bonding orbital　56
aromaticity　48
atom　2
atomic mass unit, u　3
atomic number　3
atomic weight　3
bathochromic shift　58
bond dipole moment　43
bond distance　17
bonding orbital　56
buffer action　82
catalyst　78
cell　89
chemical equilibrium　73

129

chiral carbon 52	enthalpy 72	mass number 3
cis-trans isomerism 52	enzyme 105	metallic bond 15
closed shell 11	equilibrium constant 73	mol 27
closed-shell configuration 45	excited state 7	molar absorption coefficient 57
common ion effect 85	exothermic reaction 72	molecular crystal 24
compound 1	fly ash 95	molecular dipole moment 43
concentration 26	free electron 22	molecule 1
conformation 51	functional group 46	M 殻 5
conformer 51	Fund's rule 7	N.Bohr 4
coordinate bond 15, 21	geometrical isomerism 52	neutron 1
coordinate compound 22	ground state 7	non-bonding orbiatl 56
Coulomb's force 16	group 8	nonpolar molecule 24
covalent bond 15, 44	guanine 108	nuclear 2
cytosine 108	Haber-Bosch 78	nucleotide 108
C 末端 105	hybrid orbital 19	N 末端 104
degenerate 7	hybridization 19	octet rule 46
dehydration 16	hybridized orbital 45	optical rotatory power 53
delocalization 49	hydration 16	orbital 6, 44
deoxyribonucleic acid 107	hydrogen bond 15, 23	organic substance 63
dioxins 97	hyperchromic effect 58	oxidation 35
dipole 23	hypochromic effect 58	oxide 35
dipole-dipole interaction 15	hypsochromic shift 58	oxidizing reagent 37
dispersion force 24	IC 92	oxo acid 64
dissociation 16	induced dipole 24	oxonium ion 29
dissociation constant 79	industrial waste 95	Pauli exclusion principle 7
dissociation constant of acid 31	inorganic substance 63	peptide 104
dissociation constant of base 31	intercrossing system 58	period 8
DNA 107	ionic bond 15	periodic table 8
double bond 18, 45	ionization energy 11	pH 32, 80
double helix 109	isomer 50	phosphorescence 58
d 軌道 7	isotope 3	pOH 81
D 体 102	K_a 79	polar 22
electron 1	K_b 80	polar molecule 23
electron affinity 12	K 殻 5	polarity 43
electron cloud 6, 44	L.Pauling 13	polarizability 50
electron density 6, 44	le Chatelier 75	polarization 22, 43
electron shell 5	lethal does 50%, LD_{50} 97	ppb 27
electronegativity 13	Lewis symbol 9	ppm 27
electronic configuration 45	liquid crystal 88	ppt 27
electrostatic force 16	lone pair 19	principal quantum number 5
element 1	L 殻 5	promotion 19
endothermic reaction 72	L 体 102	protein 102

索　引

proton　1	shared electron pair　17	triple bond　18, 45
p 軌道　6	simple substance　1	typical elements　9
quantization　5	single bond　18	unpaired electron　9, 17
quantum number　5	solubility product　84	unshared electron pair　19
radioactive isotope　3	solute　26	uracil　108
reaction heat　72	solvent　26	urban waste　95
Recycle　96	structural isomer　50	valence bond theory　18
Reduce　96	subshell　5	valence electron　9
reducing reagent　37	substituent　46	van der Waals force　15, 24
reduction　35	supercritical water　68	α - 炭素　102
Refused Derived Fuel　99	symbol of element　2	α - ヘリックス　106
resonance　48	s 軌道　6	β - シート構造　106
resonance hybrid　50	TEQ : toxicity equivalency quantity　97	π 結合　18, 45
resonance structure　50		π 電子　18
retention time　56	tetrahedral structure　19	σ 結合　18, 45
Rcuse　96	thermal recycle　97	σ 電子　18
RNA　108	thymine　108	
rotational isomer　51	transition elements　9	

著者紹介（五十音順）

岩本悦郎（いわもとえつろう）（担当1, 2, 6章）
　現　在　元安田女子大学家政学部生活デザイン学科・教授
　専　門　分析化学，溶液化学
　学　位　理学博士

江頭直義（えがしらなおよし）（担当7, 8, 10章）
　現　在　県立広島大学名誉教授
　専　門　電気化学，環境分析
　学　位　工学博士

柿並孝明（かきなみたかあき）（担当3, 4章）
　現　在　元宇部工業高等専門学校物質工学科・教授
　専　門　有機合成
　学　位　工学博士

日色和夫（ひいろかずお）（担当3, 4章）
　現　在　元宇部工業高等専門学校物質工学科・教授
　専　門　分析化学
　学　位　理学博士

三苫好治（みとまよしはる）（担当5, 9章）
　現　在　県立広島大学生命環境学部環境科学科・教授
　専　門　有機合成，環境化学
　学　位　工学博士

化学が見えてくる（かがくがみえてくる）

2005年4月20日　初版第1刷発行
2024年3月10日　初版第12刷発行

　　　ⓒ　著　者　岩　本　悦　郎
　　　　　　　　　江　頭　直　義
　　　　　　　　　柿　並　孝　明
　　　　　　　　　日　色　和　夫
　　　　　　　　　三　苫　好　治
　　　　　発行者　秀　島　　　功
　　　　　印刷者　荒　木　浩　一

発行所　三共出版株式会社　東京都千代田区神田神保町3の2
　　　　　　　　　　　　　郵便番号 101-0051　振替 00110-9-1065
　　　　　　　　　　　　　電話 03-3264-5711　FAX 03-3265-5149
　　　　　　　　　　　　　https://www.sankyoshuppan.co.jp/

一般社団法人 日本書籍出版協会・一般社団法人 自然科学書協会・工学書協会　会員

Printed Japan　　　　　　　　　　印刷・製本　アイ・ピー・エス

JCOPY <（一社）出版者著作権管理機構 委託出版物>
本書の無断複写は著作権法上での例外を除き禁じられています。複写される場合は，そのつど事前に，（一社）出版者著作権管理機構（電話 03-5244-5088, FAX 03-5244-5089, e-mail: info@jcopy.or.jp）の許諾を得てください。

ISBN 4-7827-0513-1

元素の周期表

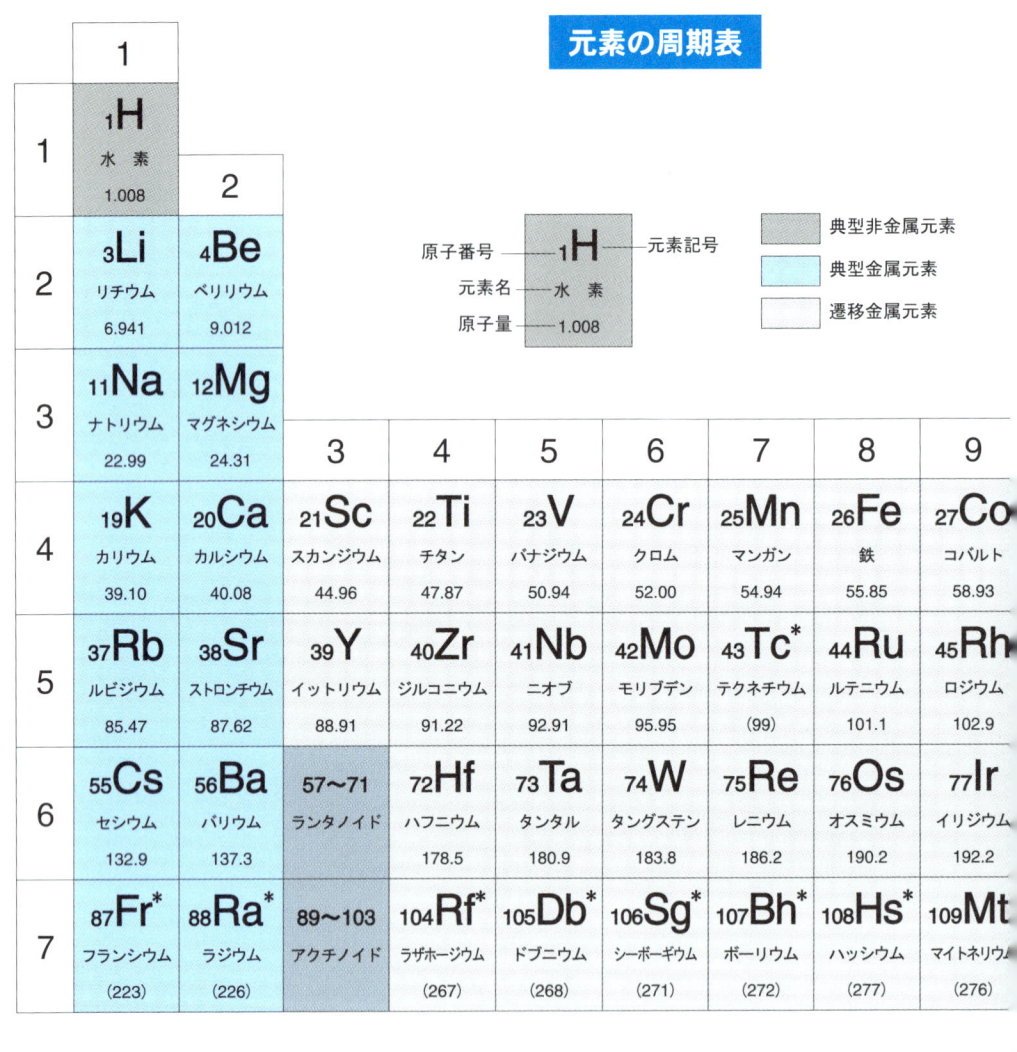

凡例:
- 原子番号 → ₁H ← 元素記号
- 元素名 → 水素
- 原子量 → 1.008

- 典型非金属元素
- 典型金属元素
- 遷移金属元素

族	1	2	3	4	5	6	7	8	9
1	₁H 水素 1.008								
2	₃Li リチウム 6.941	₄Be ベリリウム 9.012							
3	₁₁Na ナトリウム 22.99	₁₂Mg マグネシウム 24.31							
4	₁₉K カリウム 39.10	₂₀Ca カルシウム 40.08	₂₁Sc スカンジウム 44.96	₂₂Ti チタン 47.87	₂₃V バナジウム 50.94	₂₄Cr クロム 52.00	₂₅Mn マンガン 54.94	₂₆Fe 鉄 55.85	₂₇Co コバルト 58.93
5	₃₇Rb ルビジウム 85.47	₃₈Sr ストロンチウム 87.62	₃₉Y イットリウム 88.91	₄₀Zr ジルコニウム 91.22	₄₁Nb ニオブ 92.91	₄₂Mo モリブデン 95.95	₄₃Tc* テクネチウム (99)	₄₄Ru ルテニウム 101.1	₄₅Rh ロジウム 102.9
6	₅₅Cs セシウム 132.9	₅₆Ba バリウム 137.3	57～71 ランタノイド	₇₂Hf ハフニウム 178.5	₇₃Ta タンタル 180.9	₇₄W タングステン 183.8	₇₅Re レニウム 186.2	₇₆Os オスミウム 190.2	₇₇Ir イリジウム 192.2
7	₈₇Fr* フランシウム (223)	₈₈Ra* ラジウム (226)	89～103 アクチノイド	₁₀₄Rf* ラザホージウム (267)	₁₀₅Db* ドブニウム (268)	₁₀₆Sg* シーボーギウム (271)	₁₀₇Bh* ボーリウム (272)	₁₀₈Hs* ハッシウム (277)	₁₀₉Mt* マイトネリウム (276)

57～71 ランタノイド	₅₇La ランタン 138.9	₅₈Ce セリウム 140.1	₅₉Pr プラセオジム 140.9	₆₀Nd ネオジム 144.2	₆₁Pm* プロメチウム (145)	₆₂Sm サマリウム 150.4	₆₃Eu ユウロピウム 152.0
89～103 アクチノイド	₈₉Ac* アクチニウム (227)	₉₀Th* トリウム 232.0	₉₁Pa* プロトアクチニウム 231.0	₉₂U* ウラン 238.0	₉₃Np* ネプツニウム (237)	₉₄Pu* プルトニウム (239)	₉₅Am* アメリシウム (243)

本表の4桁の原子量はIUPACで承認された値である。なお，元素の原子量が確定できないもの
*安定同位体が存在しない元素。